Spiritual Culture
青心文化

在阅读中疗愈·在疗愈中成长

READING&HEALING&GROWING

扫码关注公众号，后台回复《爱在左，管教在右》，
即可获得专业音频讲解，实现高效精读！

爱在左，管教在右

金韵蓉　著

中国青年出版社

目录

序一

你想成为孩子眼中的谁？

金韵蓉

当我们把一个珍爱的小生命带到这个世界上，升格为父母之后，我们就开始很努力、可是也"一厢情愿"地去尽到做家长的责任。但是，很多时候，我们会在夜深人静时，扪心自问，我真的是一个合格的父母吗？为什么很多时候我会这么焦虑，这么挫折沮丧，这么担心害怕？我问自己，是不是让孩子失望了？是不是没有成为他心里期盼的那个"别人的父母"？对于孩子，我还是那个他曾经像跟屁虫一样黏在我脚边、仰望并崇拜的人吗？

在进入这本书之前，我想先描述一下远古时代，我们的老祖宗是怎么扮演父母的角色，然后再看看到了今天有什么样的变化。

我们先分别看一下，远古时候父亲和母亲这两个角色。

那个时候，父亲是清晨起来就背着弓箭，出门到野外打猎给家人寻找食物的角色。首先，他需要很灵敏地去观察，看看森林里有哪些猎物可以猎杀，然后带回家给妻子和孩子吃。所以他必须目光精准，必须非常专注。另外，他还需要有很坚实强壮的肌肉，和移动非常快速的步伐，让他在看见猎物的时候，就能从很远的地方举起弓箭、拉弓射向猎物。除了强壮的肌肉之外，他还要善于在野外奔跑移动，所以除了上臂部的肌肉之外，也需要有强壮的双腿。这就是远古时代一个父亲的角色。

但是在家里照顾孩子的母亲就不一样了。母亲在家里，一个简陋的茅草屋里，除了四处走动的孩子之外，可能地上还搁着一个摇篮，里面睡着一个襁褓中的小婴儿。母亲在家里的功能跟父亲是完全不一样的，她需要眼观六路、耳听八方，她不需要像父亲有这么专注的目光和这么强壮的肌肉，但是她需要随时留意茅草屋周围的动静，留意有没有危险的动物会接近她的家庭，留意会不会对她的孩子有威胁或把他们叼走。

所以母亲在家不需要目光精准、肌肉强壮，她需要的是眼观六路、耳听八方的能力，是能用发散的注意力来嗅出危险的信号，并且留意和观察四周动静的能力。除此之外，当孩子睡醒了，她需要把孩子从摇篮里抱起来，安抚他、给他喂奶，所以她需要有温暖的胸膛，非常非常柔软的身体脂肪，就好像是现在的席梦思或者是柔软的沙发一样，让孩子们能够在她的怀抱里，坐卧自如。

随着人类的进化，现在的父亲们已经不再需要出去打猎，母亲也不需要在茅草屋里随时注意有没有野生动物会侵犯她的家庭，但这些与生俱来的"天职"却没有改变。直到今天，从解剖学的角度来看，男性和女性虽然五脏六腑和血液、骨骼、肌肉的结构都是一样的，但是从远古以来，因为不同的功能需要而有发展上的不同，却是没有改变的。

首先，男性和女性的专注力需求不同，所以它决定了我们脑内部脑室与脑室之间的隔断结构是不一样的。男性需要专注，所以脑中隔像坚硬的钢筋水泥一样，把脑室之间隔得壁垒分明；女性则不一样，女性需要留意四周，需要细心观察，所以脑中隔像海绵一样，虽然隔开了脑室，但却鸡犬相闻。

另外，一个男孩从进入青春期开始，肌肉就是他发育的首要和重点部位，因此男性都有强健的肌肉和很大的、可以拉弓射箭的力气；女孩进入青春期以后，脂肪则是身体发育的首要和重点部分，所以女孩有细致的皮肤和柔软的身体。

我在这里花了这么多的篇幅讲人类的进化，倒不是要给读者们上一堂人类学的课程，而是要让父母亲们明白，男性和女性，从天职的角度来说，所负担的责任是不一样的，所以才有了生理发展上的不同，正是因为我们明白父母在功能上就有本质上的差别，我们才能够安定下来，去发挥自己被赋予的最重要的角色功能。

作为一个已从业 40 年的儿童心理治疗师，很多时候我会看到，就是因为我们对这个角色功能的不理解，才会制造出很多的冲突和眼泪。

很多年轻妈妈既委屈又愤愤不平地找我哭诉：金老师，我觉得我先生根本不爱孩子，他对孩子完全没有耐心，不会像我一样在睡觉前搂着孩子，给孩子讲故事；让他给孩子冲奶、换尿布也是笨手笨脚的，一副心不甘情不愿的样子；我觉得好累，好不公平，他那么不体贴，都是我自己一个人在照顾孩子！

这种觉得工作上的不平均、不公平是夫妻之间可以拿出来平心静气地讨论的，但是声称先生不够爱孩子，甚至是不爱孩子，却是最可怕的指控。如果我们认为爸爸不爱孩子，也总是在争吵的时候这么说，不但会在争吵中剥夺掉了这个家本来应该给孩子的安全感，也会让孩子有一个错误的认知，认为爸爸不爱我，爸爸不喜欢我。尤其是如果我不是爸爸妈妈所期望的性别角色的时候，这个指控所带来的伤害就会更大、更深远。

所以，这是我希望父母亲们在阅读这本书之前，需要先厘清的一个重要的观念，也请爸爸妈妈们记住，父母的角色并不是工作量的平等与否，而是功能上的相辅相成和适才适所，这一点我们在阅读的过程中会慢慢地理解。

至于我想成为孩子眼中的谁呢？

我们现在的情况是，我们的眼光和思考放在了："我希望我成为什么样的家长"，而不是从另外一个角度来思考："孩子希望我是个什么样的家长？"

这两个希望的中间有一个很大的落差，这个落差就是"我希望我成为什么样的家长"是一个主观的意识。

这个主观的意识会相当程度地受到我们身处的社会的主流文化、主流价值观的影响。比方说，当今主流价值观对成功的定义是，他必须是一个特别努力学习、学习成绩很好的孩子。如果没有考上一个好的名牌大学，他的前途就会黯淡不光明。

当然，这个想法并没有大错，身为父母亲，我们本来就应该关注孩子的未来和前程，但是，这个集体的意识，集体的焦虑，会让我们错误地以为——我今天严格管教孩子的学习，给孩子提供一个特别好的学习环境，我省吃俭用让孩子不要输在起跑线上，孩子听话学习优秀，就等于我是一个优良的父母亲。

但是很多时候，我们都知道，现实的情况有些残酷，如我们常说的理想很丰满现实很骨感。如果现实的"骨感"让我们没有办法履行心目中应该有的那个家长的样子，例如，孩子本身的天赋和别的孩子不太一样，我们家的经济条件或现实条件没法让他3岁就学钢琴、画画、英语等，于是就会带给我们很多很多的焦虑。

一旦我们有了很多的焦虑、挫折、沮丧，甚至恐慌，我们的情绪自然而然就会影响到孩子。如果再加上我们不是那么懂得如何管理自己的情绪，这些消极负向的情绪就会在控制不住的时候，伤害到我们原本应该保护和关爱的宝贝。

几年前，"虎妈"风潮席卷全球家长的时候，连不太留意给孩子补习的美国家长和欧洲家长，都纷纷唯恐自己不是及格的虎妈，而开始去给孩子报名这个课、那个课。一时间，虎妈成了亲子关系的显学，让其他的学说噤声，于是直到今天都还有各种跟踪报道虎妈的两个女儿，想了解她们学业事业的发展是不是真如预期的那样优秀，也想知道她们的身心发展是不是也同样健康。从这个例子，我们就可以知道集体的价值意识、集体的焦虑会如何影响家长们的心理。

但是这样的家长真的是孩子需要的吗？在这样高压的管教之下，孩子真的能够养育成一个快乐的人吗？

很多专家讨论过，这些虎妈鹰爸们之所以能够很成功地教养出优秀的幼虎、雏鹰，是因为这些幼虎、雏鹰们本身就具有虎或鹰的潜质，具有在所有的猫科或鸟目动物中，成为老虎和老鹰的特质。但不可讳言的是，有些孩子并不具备虎、鹰的潜质，那么他在虎妈鹰爸的养育下，就会变得特别辛苦，反而把他可爱的小白兔、善良的小绵羊、机灵的小松鼠的潜质给抹杀掉了。

所以，父母的角色不能够只放在：我希望自己是什么样的父母，而是我希望成为孩子眼中什么样的父母。

我把它归类为几个阶段。父母的角色确实需要跟着孩子不同的人生阶段而扮演不同的角色功能，要能够与时俱进。但是，不管在孩子的哪个人生阶段，有两样东西是始终贯穿其间的，那就是我们给孩子无条件的爱，以及我们应担负的责任。因此，"爱与责任"是贯穿始终的基本元素。

● 孩子生命的最初几年，我们毫无疑问是提供温饱和安全感的"养育者"。

在这个阶段，我们的角色其实是比较容易的。因为孩子的自我意识才刚刚开始发展，这个阶段的他完全需要仰赖养育者的照顾才得以生存。所以我们需要做的，就是给他完完全全的爱、很多很多的温暖、很多很多的拥抱。在他饿的时候让他吃饱；冷的时候给他穿暖；该睡觉的时候好好地睡觉……所以在这个阶段，我们都没有问题，我们都能够做得很好。

● 到了孩子第二个生命阶段——启蒙阶段的时候，孩子仰望我们的，就不仅仅是提供温饱的养育者，而是要升格为能够指引他正确方向的"教练"了。是的，我们要升格成为教练了，那么，孩子需要我们培训的都有哪些呢？

首先，要给他一个非常正确的人生观和价值观，让他从我们身上学习到积极的、正向的思考；学会如何与人为善；学会怎么负责任。这是他人生最重要的启蒙阶段，在这个阶段，他耳濡目染的、看见的、听到的、感受到的，会成为奠定他人生基础的砖块，这个砖块会决定他以后长成什么样子。而且这个阶段的孩子是非常敏感的，学习能力也特别强，所以我们要成为一个称职的教练，不再只是一个单纯的养育者。

其次，作为教练，还有另外一个重要的培训项目，就是我们要成为他的"情绪教练"。很多妈妈在孩子长大以后，很忧虑地来找我："金老师，我觉得我孩子的情商不够高；我觉得孩子的情绪管理能力不够好；我觉得孩子自私，不会分享……"在这些可怜的妈妈的眼里，自己的孩子又不负责、又不独立、又爱哭、又胆小……事实上，拥有这些能力或有所不足，得看在他生命的启蒙阶段，我们作为"教练"的工作是否称职。

● 孩子长大到了第三个生命的萌发阶段，也就是他所需要的基本营养已经充足了，所有建构房子的砖块也都齐备，从现在开始，他要把这些砖块建成一栋房子，一栋适合他的人格特质、适合他的天分、适合他的梦想、能让他住在里面身心安顿的房子。

在建造房子的萌发阶段，他肯定会遇到这样那样的挫折，这些挫折包含了他在学习上的困难，以及可能遇到的人际困顿。由于学校已经是一个微型的社会，在看似单纯的学校里也会发生许多敏感的人际关系问题，例如，他会疑惑或羡慕：为什么有的小朋友会这么受欢迎？为什么有的小朋友个子比我高、比我漂亮聪明？为什么有的同学踢球踢得这么厉害？甚至为什么小朋友们会排挤我？等等。

在这个生命的萌发阶段，看起来他的砖块都有了，但实际上，他有可能把这个房子盖得歪七扭八，或地基没有打稳，房子看起来摇摇欲坠。所以，父母在这个阶段就已经不能再是单纯的教练了，我们要身兼二职，既是教练，也是孩子的"好朋友"。如果我们不是个能够和孩子促膝谈心，让他敢告诉我们所有心里话的好朋友，他就只能把情绪压抑在心里或问道于盲，去问那些自己也还没搞清楚的半大不小的同学，然后就真的有可能把这个房子给盖歪了，一遇到地震、大水就把这个房子给弄垮了。

● 接着来到了他生命中的体验阶段，也就是房子已经盖好，也盖得挺稳当没有什么问题，他现在准备要搬进去住了。也许，在房子刚刚盖好的时候，他自己还是单身一个人住在里面。一旦他成了家，他就要和新组成的小家庭，包含他深爱的人和孩子住在里面。这时，在孩子的生命体验阶段，我们又要改变角色，成为一个能够伸出援手的"支持系统"。这个支持系统指的是什么呢？

首先，当然不是扯后腿的那个系统。很多人的原生家庭给孩子带来了压力和辛苦，很多新组成家庭的年轻夫妇之间的争执起因，都来源于他们的原生家庭所带给他们的压力，这个压力，有可能是人际关系上的压力，有可能是情绪上的压力，也有可能是经济上的压力。

对于正在非常辛苦地构建自己的未来、生命阶段正处于"蜡烛两头烧"的年轻人来说，父母的角色应该成为孩子的支持系统，这个支持系统包含了能够提供给他很多情绪上的支持，人力、物力上的支持等。

虽然我把"孩子希望我们是谁"分为几个人生的阶段，但是我一开始就强调"爱和责任"是贯穿始终的基本元素。而且，这几个角色彼此之间也会重叠、有交集。有的时候，我看起来好像是你的贴心好朋友，但是当我发现你正在盖的这栋房子有点歪斜的时候，我还是必须成为一个引领正确方向的教练和指导者。所以，并不是我现在到了孩子人生的哪一个阶段，我上一个阶段的角色任务就功成身退了。有一本很受欢迎的国外亲子教育书，书名就是：《别忘了，我不但是你的好朋友，我还是你老妈！》。

我们把孩子不同的人生阶段中父母的几个角色分清

楚之后，我还特别想提醒的是，有些时候，做父母的一不小心就会成为羞辱孩子的那个人。

你如果不相信我说的话，觉得我的话太欺负人，低估了你的智商，那么就请你今天到一个高中或者初中学校门口，采访 1000 个小朋友，问问他们：你希不希望，或喜不喜欢你妈妈或你爸爸到学校来？

我保证，绝大多数的孩子都会立刻回答：不想！大部分的青少年都特别害怕家长到学校来，即使他们的家长都体体面面、是受过教育的知识分子。为什么孩子尤其是青少年不喜欢家长到学校来呢？原因是他们特别害怕家长会丢他们的脸。有一句流传在国外高中生之间的话：家长是做什么的？家长就是让孩子觉得丢脸的！

我儿子从小学五年级开始，就严禁我在马路上亲他的脸颊和牵着他的手。他告诉心碎的我：请你不要这样，这样让别人看见会很丢脸！

他上了高中以后，我请教他为什么会有"家长是做什么的？家长就是让孩子觉得丢脸的"这句话。他说，每个家长到学校来都会在同学面前唠唠叨叨、问东问西的，或是会在同学面前做出一些让孩子感觉很丢脸的事，就像帮孩子拉抻衣服、翻一翻衣领、拍拍外套上的灰尘，诸如此类对小 baby 的动作。还有的家长说话太大声，笑得太大声，也是蛮丢脸的！

我们都曾是青少年，都曾经历过崇拜和模仿父母的阶段，也都曾经历过害怕父母在同学面前让我们尴尬、没面子的阶段，所以我们应该能够理解这一点，虽然心碎，但也要尽量提醒自己不要成为让孩子尴尬和丢面子的父母。

不过，在这一篇文字即将结束的时候，我想要和家长们共勉的是，不管我们现在正处于孩子的哪一个生命阶段，扮演着什么样的角色功能，有一点我们必须要牢记在心，那就是：作为家长，我们是被允许犯错、也被允许从错误中学习的。所以千万不要害怕，也不要焦虑，因为学习永远不会太晚，孩子也永远是我们的孩子，只要我们愿意持续地学习，就一定会在摸着石头过河的学习中，成为孩子眼中和心目中那个能让他感受到无条件的爱、能够信任和尊敬的榜样，以及永远支持他的爸爸和妈妈。

2021 年 1 月

序二

我的亲子教养观

金韵蓉

严格来说，儿童和青少年的心理卫生、行为治疗，才是我真正的专业。

我大学本科读的是一个有着怪怪名字的专业：青少年儿童福利系。所谓的"福利"，指的是一切和这两个年龄段孩子的心理、行为或成就、福祉有关的事务。所以我大学毕业之后的第一份长达5年的工作，就是在一家综合医院里的儿童心理卫生中心，担任儿童心理和行为治疗师。而我的第二份为期两年多的工作，则是在卫生部门担任高中学校辅导老师的培训工作。当时，我必须巡回台湾各个高中学校，除了召集该城市的所有驻校辅导老师来接受我的定期培训之外，有时还得到学校去为该校的辅导老师解决他们觉得比较棘手、无法处理的个别学生问题。

所以，自从我开始创作之后，心里就一直有个声音告诉我："金韵蓉，你总有一天得写本和亲子教育有关的书，这样才不枉费你所受的专业教育和那么多年的实战工作经验。"

可是，与此同时，我的心里还有另一个更大的声音在警告我："金韵蓉，你确定要写吗？或者，你确定自己有资格写了吗？写本书很容易，可是如果你写的不够周全、不够细致、不够中立、不够客观、不够专业、不够……那么稍有偏颇或武断，你可能就伤害了一个没有反击能力、原本可以成长得很好的孩子。这样的风险，你敢贸然地去尝试吗？"

后者警告我的声音，当然远远大于前者催促我的声音。所以我在戒慎、恐惧的心情下，一直没敢尝试这个主题的写作。我"躲"在关注具有辨识能力的"已成年人"的"棚盖"下，讨论对美丽的态度、对生活生命的哲学、对大自然精油的认识，可就是不敢涉及对还未成年孩子们的教养问题。

一直到我自己的儿子长大了，学业暂时告了一个段落，工作上小有成就，人格特质也表现得健康积极之后，我内心的声音才又略微改变了口气说："嗯，金韵蓉，也许是写作的时候了。现在，你除了拥有专业知识背景和多年的实践经验之外，也还能带着些底气说：我的教养理论和方式，在我儿子身上已经得到了验证，而且看来似乎还蛮有效果的！"

许多和我很亲近的朋友们都知道，和我聊天时尽量不要提及我的儿子，因为话题只要一涉及他，我就会开始骄傲地滔滔不绝，像个家长里短的妈妈一样，全天下好像只有自己的儿子最优秀、最杰出。

我的儿子的确优秀。不过他的优秀并不全然只是因为学习好或头脑好。事实上，他的学习成绩只能堪称中上。从初中开始就在英国念书的他，本科读的是在全英国有时排名窜到第二、有时落到排名第四的学校——伦敦政经学院（LSE）的国际关系和历史系；研究生则继续在 LSE 攻读政治与传媒。相较于那些学习成绩优秀、读的都是哈佛、耶鲁、剑桥、牛津等名校的中国学生来说，我儿子的读书经历实在是不值得在此炫耀。

至于他在我口中，所谓小有成就的工作经验，事实上，和那些在世界 500 强大企业、知名投资银行、基金公司等工作的优秀中国青年来说，也实在是没有任何可资夸耀的。

儿子从念初中三年级开始，就一直没有间断地在课余时间打工。由于中学读的是纯男生的寄宿学校，每逢星期六他不回我们位于伦敦近郊的家时，就会承包起所有住在校园宿舍里的老师们的汽车清洗工作。另外，星期五的晚上，他还会接一些帮老师看顾孩子的零活。他做这些工作，一开始我们完全不知情，一直到有一次他暑假回国度假，用非常快速而熟练的手法帮他爸爸洗车时，我们才发现他居然拥有这项"专业能力"。

儿子把周末洗车和看顾小孩的所得都存了下来，高中毕业的那年暑假，他自己背着背包、拿上自己存下来的积蓄，以火车自助旅行的方式，玩了一趟欧洲。

上大学以后，他继续乐此不疲自己的打工生涯，只是这时的打工，他选择了可以增加另一项技能的"酒会服务业"。大学3年当中（英国的学制是，中学7年、大学3年），他一直在一家专门服务上层社会名流（例如英国皇室、富豪、明星等）的酒会承办的公司里打工。他从端托盘的服务生开始，经历了领位、前门接待，到最后的吧台调酒工作。当他大学毕业必须中断这项打工工作时，他已经是这家顶级酒会服务公司里的首席调酒师了。

读研究生时，儿子又改变了打工的方向。他申请并获选进入英国首相办公室实习，成为英国首相的新闻观察员之一，每天清晨负责收集媒体资讯，并为首相的新闻官提供当天早上在会议中对首相所做的简报内容。与此同时，他还申请进入一家性质如同智库的专业政治风险分析公司实习，每天晚上负责分析当天亚洲发生的政治与经济动态，并据此对客户做出适切的建议。

最后，在他还没有参加研究生的毕业典礼时，就已经成为该智库的正式员工，并且在短短不到一年半的时间里，以24岁的"稚龄"，成为该公司的亚洲首席分析师和亚洲部门的主管，同时也以很好的逻辑思维和表达能力，代表公司飞往世界各地演讲，和接受新闻媒体的采访。

如今，儿子选择回到市场更广阔的北京来创业。除了继续为老东家效力，到各地演讲之外，还成立了性质迥异的两家公司——一个是严肃的政治与经济议题的商务咨询公司；一个是轻松快乐的酒会服务公司。今年10月份就要满26周岁的他，告诉我："妈妈，不用担心我会太累，我用左脑理性地分析政经问题；用右脑感性地为顾客制造欢乐。这是最好的平衡，也是最好的减压方式。放心，我两者可以兼顾！"

大家看完了我以上的描述，会不会感觉被他的丰富经历给压得气都有些喘不过来？可是如果我告诉你们，他从小在学校就很少考过第一名，学习成绩多半都是在第2名到第5名之间徘徊，而且，他从来都不是班上学习拔尖的孩子，可是但凡每天中午吃营养午餐时，为全班同学扛来不锈钢制的汤桶；当号令全校上下学队伍的司令员，但是却因为号令错误而把队伍搅得大乱；竞选不太可能选上的台北市小市长，甚至暗恋班上最聪明漂亮的女同学等和学习不太沾边的事情时，却全部都有他的份。

而他最出格的事，是当他在台湾念完小学五年级，到英国直接念初中一年级之后，有一天晚上，我们在台湾的家里，接到了学校校长打来的电话，电话中，校长试图平静但却难掩焦虑地告诉我们，儿子因为在宿舍里喝了一位同学偷偷从家里带来的几种不同的酒之后，除了醉得不省人事之外，还有些生理迹象的危险，因此已经连夜送到医院去急救。

校长打电话给我们的意思是，除了告知仍然留在医院的儿子已然清醒、身体健康恢复了之外，还让我们别太生气，因为他本来隔天早上就要上台去领全学年品学兼优的第一名奖状，不过，却"因为受到了坏同学的引诱"而误喝了太多的酒。事实上，一个星期以后，当他放假回到台湾时，却向他爸爸坦陈，那天晚上在宿舍里是他自己逞能、主动去试喝那些酒，而绝对不是同学引诱他喝的！

儿子还有一件也许他至今都还不知道的趣事。在他上高中时，同时兼任了学校篮球校队和足球校队的队长职务，他自己也为球队投入了全部的心力。不过，我们却在他学校寄来的学习考评报告书中，看到了体育老师给他的中肯评价。体育老师说：凯文在体育方面的表现十分受到学校的肯定，因为，他虽然是个技巧不够优秀的球员，可却是个投入热情最多、参与度最高的球员！

这就是我的儿子——一个在学习上并不出类拔萃，在天分上也并不禀赋优异，可是却对所从事的每一件事都充满了自信、热情并全力以赴的人。而我相信，他这个美好的人格特质，除了有老天爷的厚爱之外，当然也有作为父母亲的我们，对他从小所刻意培养的素质。

因此，我衷心地希望，在我如此这般毫不掩饰地夸耀自己的儿子之后，能为我争得以这本书和大家分享育儿经验的资格。至于我在书写这本书时的角色，请允许我套用一句我儿子说过的话：我以理性的左脑，作为受过专业养成训练的心理治疗师的身份；以感性的右脑，作为一个看见儿子健康成长的母亲的身份，谦卑地述说我的教养理念，并由此诚挚地希望，因为我的分享，而为许许多多的孩子，带来更宽松、更美好的成长经验。

2010 年 5 月

第一章
理解，是一切的关键所在

过去的这十几年，我一直在帮几位头疼的父母带着他们"不听话"的孩子长大。这几个让父母操碎了心的孩子中，有一个是智商很高，喜欢电脑编程，好几次因为远程侵入老师的电脑偷出期末考试题目给全班同学，而被学校勒令退学的电脑奇才；有一个是很有自己的想法、只喜欢写诗画画、看不上任何俗人也完全不理人的愤怒少女；有一个是才刚满 10 岁，注意力集中时间无法超过 15 分钟的熊孩子，但如果把超过 1000 片以上的汽车模型交给他，就能够让他专注地用一个下午的时间拼出一辆汽车来……

这几个接受我辅导的孩子有一个共同的特点，就是小时候他们都是天资聪颖、活泼可爱、讨人喜欢的小天使。可是一旦进入 10 岁以后的前青春期，这些原本让父母开心骄傲，而且迄今学校老师还一直用"聪明"来评价的孩子们，却变成了不努力学习、学业成绩低落、让父母伤透脑筋的问题少年。他们的父母都是明白事理、受过良好教育、爱孩子、愿意尽一切努力来帮助孩子，但是也因此而焦虑挫败，甚至自责不已的好父母。

那么，问题到底出在哪里？

这也就是我要和大家分享和一起探讨的主题。

● 我们是不是真的了解自己的孩子？

● 我们可以根据他与生俱来的人格特质因材施教吗？

● 我们能不能找到一种和孩子相处的最舒服的方式？而且这个舒服，指的是孩子舒服，我们也舒服的状态。

非常诚恳地说，我在准备这本书的写作的过程中，一直提醒自己不要把它写成一本满是"高大上"的教条和充斥着先知口吻的"教科书"，这会让那些已经在"水深火热"之中煎熬的父母们看了之后更觉得无望和羞愧。不，这绝对不是我写这本书的初衷。我的初衷，是希望能帮助父母们，包括我自己在内，能够通过对孩子身心本质的理解，不仅可以找到提供他健康快乐成长的方法，也可以让自己备受挫败、疲惫不堪的身心找到一个喘口气的心理空间。

那么，作为父母，我们该理解孩子们些什么呢？

一、理解孩子的独特人格

每个孩子都具有与生俱来的人格特质。这个特质决定了他的能量形式、思维方式和行为表现方式。重要的是，这个独特的人格特质不是他自愿拥有或故意拥有的，而是与生俱来的。

网络上"别人家的孩子"的段子，看起来很诙谐有趣，但更多时候确实反映了家长的真实心情。身为父母，我们当然无条件地爱自己的孩子，但有时却真的很难克制自己对孩子的缺点感到失望和焦虑。我们既希望他健康快乐地成长，又渴望他能有光明、成功的前程，所以在两头拉锯的心情下，常常无所适从。

作为在医院工作了多年的临床心理治疗师，以及为高中学校辅导老师做心理培训的专业心理辅导老师，我每一次在课堂上给台下的家长们上亲子教育课程时，一定会向家长们强调，孩子所拥有的人格特质，都是与生俱来的，和遗传基因、表观遗传、胚胎在母体中的成长环境，甚至婴儿时期的养育环境有关。例如，有的孩子活泼外向、勇于尝试；有的孩子安静内向、谋定而后动。这些并不是孩子自己的选择，也不是他故意逆反或顽皮捣蛋，而且最重要的是，这既没有好坏之分，也和是否优秀无关。

由于我是个在英国受过专业养成训练的芳香疗法治疗师，工作中也常用精油的嗅觉疗法来辅助我的临床心理治疗，所以我总是用同样生长在大自然中的植物来比喻每个人的人格特质，以便帮助家长们能够更容易理解这个概念。

芳香疗法中所使用的"精油"是一种储存在植物"油腺细胞"里的天然油脂，也被理解为植物的性格特质。油腺细胞根据植物的品种和生长环境的不同而分布在不同的部位，有的在鲜艳娇嫩的花瓣里；有的在细小但生命力强大的种子里；有的在埋在地下的根茎里；有的在巍然直立的树干中……

现在让我们来看看，用这些表现了植物性格特质的精油，来比拟人类的人格特质时，会不会更容易理解这个"与生俱来"的概念。

我们先把小种子和小根茎放在一起说明比较：

比拟植物性格特质表：种子与根茎

部位	特质	可以放大的优点	需要耐心关注的部分
种子	• 非常微小轻盈，只要轻轻一吹，就能飞得很高很远。 • 不管落在哪里，不管是在肥沃的土壤或坚硬的岩石缝隙中，都能生根发芽，长出植物来。	• 强大的生命力。 • 很聪明，只要家长给予的土壤足够肥沃，就能发挥无限的想象力和创意。 • 虽然微小易感，但却十分独立，有勇气，敢于冒险	• 只要一点点的小风飘过就能把它吹得老远，所以注意力比较不集中，容易分心，坐不住。 • 易感的特质，让他容易捕捉别人的情绪而让自己受到伤害
根茎	• 安安静静地埋在土里，需要十几级的大风，才能把它从地里拔出来。 • 是植物沟通、通讯和汲取生命智慧的途径	• 专注力强，能维持比较长的注意力集中时间。 • 能从容而安静地思考，不急躁。 • 乖巧，善解人意，不强出头，不惹事	• 固执己见，很难被说服和放弃自己的想法。 • 舒适圈较小，不太愿意改变，也不太愿意尝试新鲜事物。 • 息事宁人，害怕冲突

我们再来看看小花和树干的比较：

比拟植物性格特质表：花朵与树干

部位	特质	可以放大的优点	需要耐心关注的部分
花朵	• 是植物最鲜艳和吸引人的部分，拥有美丽的外表和讨人喜欢的性格。 • 看似娇弱但性格坚强。深秋树叶已经枯黄纷纷掉落的时候，许多花朵仍然在枯枝上挺立	• 喜欢整洁、注重外表，因此讨人喜欢。 • 不害怕站在人前，愿意站在舞台中央展现自己。 • 拥有对艺术和美的天赋和追求。 • 外表柔弱，但内心强大，只要目标确立，就会勇敢地去追寻	• 寻求关注，希望自己是众人的注意焦点。 • 自我中心，关心自己胜过关心别人，可能表现出自私的弱点。 • 善于运用自己的长项，例如美丽，来操纵别人
树干	• 是植物最坚强和强壮的部分。 • 承载了植物所有的部分，花朵、叶片、种子、果实、根茎等都需要依附它才能生长和存活	• 意志力坚强，有勇气。 • 有责任感，愿意承担责任，也愿意负责任。 • 有与生俱来的领导统御能力。 • 既有能力照顾别人，也愿意照顾别人	• 因为能力强，所以霸道，喜欢掌控别人和掌控局面。 • 喜欢教训人（自古以来，木棍都是教训人的工具）。 • 脾气比较暴躁，比较容易发怒

现在是不是更明白人格特质的意义了？

每一个人格特质都有它的长项和弱项，重要的是如何"强化或放大长项"和"弱化或缩小缺点"。我们就拿活泼机灵的小种子来说，父母不要只盯着他的注意力不集中和坐不住，以为他就是没把心思放在学习上，故意捣乱淘气。我们可以不动怒，平心静气地制定一个增强注意力集中度的方法，但与此同时还要鼓励他发挥自己在创意和独立性上的优势，例如，只要是学习时坐不住了，他就可以先做一会儿喜欢的手工或画画，或是到外面踢 10 分钟的球，帮助他经由有兴趣并能发挥长项的活动，来拉长专注的时间和能力。

请相信我，小种子如果能熬过或扛住总是被家长气呼呼地压在桌前的小学时光，等到他上了中学，进入青少年期，能自己控制住体内上蹿下跳的无穷精力后，我们就会看到他开始绽放光芒，成为一个拥有独立思考能力、勇于创新、善于思辨、学习成绩突飞猛进的"别人家的孩子"了！

二、不要掉进消极的情绪循环陷阱中

父母一定要理解，孩子并不是故意反抗我们，严格来说，这些是他自己所控制不住的，他只能付出更多的努力去学习原本并不属于他人格特质内的东西。但可惜的是，我们会发现，在面对孩子的时候，我们的管教常常是深陷这样一个消极的情绪循环当中。

因为我们不理解，所以我们生气，我们误以为孩子的某些行为是故意的，是有意不去做好，是没有付出努力，所以我们就会有愤怒的情绪出现。而当我们愤怒情绪出现的时候，孩子接收到了这个讯号，出于自我防卫和委屈，于是开始有反弹、反抗的情绪和行为表现，这就更加激怒父母，亲子之间的互动沟通自此也就进入一个负向的循环中。

让人更担心的是，如果孩子试着努力去做，但父母和师长的要求太高，高到他再努力也达不到的标准，孩子就很有可能因挫折而放弃自己。例如，他是个与生俱来富有想象力和创造力的艺术家，拥有很敏锐、很高品质的右脑思维能力，可是对于需要用左脑逻辑性思维去理解的数理化科目，却是很难通过学习就能得心应手。对于自己总是得低分、学习不好的结果，他自己也很沮丧难过，而且逐渐和同学拉开的分数距离，以及越来越跟不上的学习进度，也会让他挫折和慌乱不已。他很害怕，可是越害怕，就越读不懂书里的内容；越挨骂，就越不想再碰那门科目；越失败，就越失去对那门科目的兴趣和能力……于是，最后他就无奈地放弃了。

所以，我一再地强调，每一个孩子都有与生俱来的特质，如果我们一开始就能理解并尊重这些不同，知道他不是有意捣乱，知道他需要我们在一旁协助、支持和等待，我们的态度就会柔软很多。而且，这个柔软不仅仅只是对孩子好，对我们自己也更好。因为当我们了解这些事实之后，我们就不会有这么多的自责，不会觉得自己这么失败，并且在释然之后也不会有这么大的挫败感。坦率地说，我在治疗室里常常看到原本只是因为孩子的问题而烦恼的父母，最后因为自责和互相指责，竟演变成夫妻反目的情况。

请记住，我们一定不能拿自己的孩子和别的孩子比较，也不能用一把僵硬的尺子去丈量他，更不能用一条毫无弹性的绳索去拴住他，那样同时也拴住了我们自己。

不管是哪一种人格特质的孩子对父母的情绪反应都非常敏感，他们能从父母的神情、肢体动作、身体的温度以及家庭成员的互动氛围中，感受到父母对他是认可或是失望。这些情绪的隐喻，要比语言更具有威力，也更能够影响孩子对自我的看法和是否相信自己的能力。

因此，在训练孩子能够保护自己之前，我们一定要以身作则，让孩子从我们身上看到一个情绪稳定、成熟的成年人是怎样直面问题和处理问题的。同时，也要让孩子充分感受到我们对他的信任、欣赏、支持和无条件的爱，因为这才是帮助他绽放光芒的内在力量。

第二章
小小心灵　大千世界

孩子的成长历程很漫长。有人曾经问我，孩子多大才算是长大了？

我说，只要妈妈还有力气，或用更夸张一点的话说，只要妈妈还有一口气在，孩子就都不算是真的长大了！

是的。那么面对这么漫长的成长岁月，我的心得和建议，得从哪里下笔呢？考虑再三之后，我决定先着墨于6岁到12岁，也就是在专家的专业术语中所谓的"学龄儿童"阶段。我之所以先关注这个年龄段的孩子，有以下几个原因：

1. 小学阶段开始的竞争

其实，孩子从上小学，才会面临真正意义上的"竞争"，而且这个竞争的结果是可以用考试的分数来"量化"的。小学阶段并不像在幼儿园里那样宽松，虽然也有竞争，但优劣的结果只是凭着老师的喜爱或夸奖来判断。所以，一个才满五六岁的孩子，在面对如此残酷、如此一翻两瞪眼的竞争结果时，他幼小的心灵绝对是需要被父母引导和保护的。而且，孩子在这个时期所建立起的"自我图像"，也会对他日后面对竞争情境时的性格造成决定性的影响。

2. 生活发生本质的改变

从幼儿阶段进入到学龄儿童阶段之后，孩子的生活在本质上产生了很大的变化。从前是富于"游戏性质"的生活，现在则转变为"工作性质"的生活。还没上小学之前，孩子不管是到幼儿园上学或在家里背古诗文，都是在游戏的氛围下进行的，老师虽然也分配给孩子回家的作业，但父母和老师都不会以太认真的态度去严格执行它。可是上了小学之后，各种活动都变得严肃了起来：上课得规规矩矩地坐着，必须专心地听老师讲课，回家得按规定写作业，还得参加实打实的考试。所以，许多孩子在这个生活本质上的转变中遇到了调适困难，这也为日后的低成就埋下了伏笔。

3. 认知、思维方式发生改变

从认知和思维方面来说，学龄儿童已经从"直觉思维期"进入"具体运用期"。也就是说，很多事情已经不需要完全靠自己的观察和经验来获知，而是可以从别人的说明、解释、举例来吸取新知。这个认知和思维上的转变，意味着他的世界已经逐渐放大，知识结构也在逐步由不同的触角来积累。所以，如果能在这个阶段开发他的认知能力，建立起良好和富有创造力的思维模式，那么将来在面对更为严苛的学习挑战时，自然就会容易得多。

4. 开始面对各种人际关系

从生活和活动的范围来说，学龄儿童的活动重心已经从家庭扩展到社会，除了日趋严苛的学习压力之外，开始面对除了家人以外的"复杂"的人际关系，例如，班上可能会有喜欢欺负人的同学；可能会有喜欢跟老师打小报告的同学；可能会有爱表现、争强好胜的同学；等等，因此，许多孩子在学校里的行为表现会和在家里的截然不同。如果在这个阶段里，爸爸妈妈没有察觉到孩子在学校里和同学之间有互动上的困难，让他经验了人际关系的挫折，那么由此而产生的心理或情绪障碍，就有可能会跟着他长大，影响到日后孩子对自己的评价和社会化的发展进程。

5. 进入儿童叛逆期

孩子上小学之后，是最初和爸妈开始较劲的阶段，也是开始出现矛盾的阶段。我曾经在一场对妈妈们的演讲中，弄哭了许多妈妈。我说，我们对孩子的"钳制"，大概最多只有 6 年的有效期。6 岁以前，孩子总挂在嘴边的是："我妈妈说……" 6 岁到 12 岁，管用的是："我老师说……" 12 岁到 18 岁，变成了："我同学说……" 18 岁以后，又变成了："我女朋友 / 男朋友说……"结婚以后，毫无疑问地当然就是："我老婆 / 老公说……"了。

所以，当孩子把崇拜的眼神转向他人之际，对父母来说是个难过但又不得不接受的事实，而许多亲子之间的矛盾，其实也就是在对"主权之争"下的衍生品罢了！

6. 心性发展有较大改变

孩子6岁以后，在幼儿时期的"性蕾期"期间一度萌芽的对性的兴趣，到了学龄阶段会暂时被搁置下来。表面上，他们会开始排斥异性，喜欢和同性的小朋友在一起，此外，他们也会表现出对性的厌恶，所以这个时期又叫作"同性期"和"潜伏期"。在这个阶段中，孩子会开始模仿同性父母的行为，建立起所谓的"同性认同"。因此，男孩和爸爸要好，一起去打球、钓鱼、看球赛，向爸爸学习男人的事情；女孩则跟随妈妈去买菜、逛街、打扮，向妈妈学习如何做女人。这些都是心性发展的特点，这个阶段孩子心理有了明显转变，也都是为接下来的青春期预做准备。所以，如果能够在这个阶段充分地做好同性认同，对将来的性别发展会有很好的帮助。

当然，孩子们到了10岁、11岁，心性发展又产生了微妙的变化。他们会表现出更排斥异性的现象，甚至会出现嘲笑、捣蛋、捉弄等过激的行为。其实，这些心性反应都是在为进入青春期而预做的自我防卫准备。在心理上，他们已经开始对异性产生兴趣，会被喜欢的异性吸引，但与此同时，他们又被这种莫名其妙的感觉吓着，不知道应该如何去面对或处理它，所以就只好用更强烈的手段来隐藏内心的焦虑。

另外，女孩的心性发展要比男孩早一两年，身体的成熟度也发育的较早，男孩在情绪心理上多少会因此而受到威胁，所以更会用过度激化的行为来自我防卫。但是，这些属于再正常也不过的行为却很容易遭到师长或父母的误解，所以如果我们能理解孩子"不正当"行为背后的心理动机，不仅能减少对孩子的伤害，也能减少父母对自己教子无方的自责和挫折。

大家看完了我上述描写的六大原因之后，是不是觉得那昨日还在襁褓中的小小天使，一旦背上书包、上了小学之后，曾经美好童真的天空，仿佛就要塌陷了一样？

别担心，心理治疗师们都有个讨人嫌的特质，就是喜欢"危言耸听"。事实上，绝大部分孩子的发展都是在健康平和中度过的，而且只要我们稍微留点心，适当地关注一些，很多作为过来人的爸爸妈妈，都会带着五味杂陈的心理，先叹口气，然后告诉你这句话："孩子的成长真快，一溜烟儿，他就长大了……"

第三章
阿明的故事

在还没有进入我想和大家分享的育儿经验之前，我想先讲一个故事。这是个真实的故事，发生在 28 年前。我也因为这个故事的主人翁，而逃离了自己从事的儿童心理和行为治疗工作，转而从事高中学生的咨询辅导。

我已经不记得他的正式学名，只记得他叫"阿明"。

阿明有 4 个姐姐，父亲是个泥瓦匠，妈妈在家照顾孩子。阿明的父母亲一直希望家里有个儿子，所以在接连生下了 4 个女儿之后，在已接近 40 岁的高龄，又再接再厉地怀了第五胎，所以当他们得知这一胎终于是个男孩之后，欣喜若狂的心情自然可想而知。

可是阿明爸妈的欢喜并没有持续太久。因为妈妈是高龄产妇，又没有按规定做产前筛检，所以阿明在1岁多时，就被医师确诊为中重度智能不足，除了学习迟缓和有行为能力的障碍之外，还有语言上的困难。

当时我在一家综合医院里的儿童心理卫生中心工作，当阿明父母由所在地的卫生所转介，带着他来中心就诊时，正好分配由我来为他进行行为治疗。我第一次见到阿明时，他才刚满3周岁，那天早上的情景至今我仍然历历在目。

由满头大汗、笑容非常憨厚腼腆的父亲背着进来的阿明，身上穿着一件胸前印有米老鼠图案的红色T恤衫和白色短裤。他的眼睛又黑又大，睫毛很长，但鼻子很塌、几乎看不见鼻梁，干干净净的头发，滑顺地梳成偏分的小西装头。他的脸圆圆短短的，第一眼看起来就像只活泼乖巧的小哈巴狗。阿明的妈妈也是个老实腼腆的乡下女人，我知道他们为了要到台北来看病，清晨5点就从家里出发，所以阿明妈妈的手上还拎着大大小小、由花布包着的保温壶和保温饭盒。

从那天之后，阿明每个星期三早上就由爸爸背着来中心接受治疗，妈妈也无一例外地在后面默默地跟着，手上拎着大大小小的花布包。虽然阿明是个几乎完全无法生活自理的孩子，可是每次来我的治疗室时，他都是穿着不同颜色的米老鼠T恤，梳着干净漂亮的小西装头。

我对阿明的行为治疗，主要是帮助他建立起一些日常生活的自理能力，例如，懂得向妈妈表示要大小便，能自己用勺子吃饭，以及会说简单的话等，当然也包含为阿明预做将来面对其他小朋友的好奇、嘲笑甚至欺负时的心理准备。我们的进展很缓慢，几乎用了两个月左右的时间，才让他学会稳稳地拿起勺子往嘴里送食物。

就在我们的治疗进行了大约半年之后，一天早上，我刚进办公室，还在研读当天准备会面的个案资料时，突然听见办公室外的走廊传来踢踢踏踏的奔跑声，然后，我就见到阿明的爸爸满脸通红、被泪水濡湿一片地背着穿着黄色米老鼠T恤、梳着小西装头的阿明冲进来，嘴里不断地大喊着："他会叫阿爸了！他会叫阿爸了！"被这个景象一时间震慑得完全不知道该如何做"正确"反应的我，泪眼婆娑中，只听见阿明还在兴奋地不断叫着："阿爸！阿爸！"

最终，我还是没有守住作为一个专业心理治疗师应该有的"同理"但不"同情"的分际，我全身震颤地抱着同样也全身震颤的阿明父母，我们一起圈抱着阿明，又哭、又跳、又笑，完全无视了已经在治疗室里等了我很久的个案和主任极不高兴的眼光。

那天之后，我还是在每个周三的早上为阿明做行为治疗，但是我发现自己的心情已经变得很不一样了。阿明的治疗进展开始影响我的情绪，甚至让其他孩子的治疗进展也波及我的情绪。至此，我知道是时候该离开这个工作了。因为我已经完全无法再以专业同理的客观态度去面对一个受苦受难的孩子，面对他们，我的心会很痛，会很受伤，而我这样的情绪，对孩子的治疗来说，是非常不恰当和不具有建设性的。

因此，我逃离了。逃向那些已经具有行为能力、已经能保护自己的大孩子们身边……

今天，我选择在这本书一开始的时候就告诉你们这个故事，是希望能用阿明的故事来表达我对孩子教养的态度——很多时候，有些父母只能卑微地祈求孩子健康正常，而已经拥有健康正常孩子的父母们，必须因此而懂得感恩，并懂得去享受它。

第四章
左脑的功课

——一些有关发展心理学的重要研究

让我们先用理性的左脑，来了解几个很关键的、发展心理学的重要研究和理论。我知道，这些理论看起来有些枯燥或吓人，但明白它们以后，你可能会发现，自己看待孩子的角度发生了微妙的变化，而这些微妙的变化也许就正好是孩子最需要、也最实惠受用的。所以，我还是要说明它们。不过，我会尽量尝试用比较简单轻松的方法来深入浅出地介绍；而你，也一定要耐着性子读完它。

至于读完之后，我们要怎么去理解这些实验所带来的意义，又如何把它们应用在和孩子的互动中，我要请你先静下心来，自己去解读和思考了！

1. 心理定势——发挥"信任"和"期望"的美好力量

心理定势又叫作"心向"，或者也可以叫作"期待效应"。

它指的是主体对一定活动的一种预先的心理准备状态。主体会根据这种预先准备的心理状态，来决定活动的方向，并且据此反映在所有的生活内容中。

有一个非常著名也很有趣的实验可以说明这个现象。这个实验是由美国著名的心理学家、哈佛大学教授罗森·塔尔在1963年设计的，实验的目的是试图证明"偏见"的力量，而这个力量是会影响学习结果的。

在这个实验中，罗森·塔尔把参加实验的学生们分成两组，并且分别给学生们一组智力和体力表现完全相同的大白鼠，请学生们教这些大白鼠走迷宫。但是在实验开始之前，他故意告诉其中一组学生，他们所分配到的大白鼠是经过精挑细选的，所以不仅脑子聪明，体力也非常好；然后他又告诉另一组同学，他们的大白鼠是准备要淘汰的，因为在评选中，它们都表现出了体力和智力的鲁钝反应。

结果，学生们在实验室里用相同的时间和方法教大白鼠走迷宫之后，发现被认为是聪明伶俐的那组大白鼠走迷宫的速度，要比被认为是鲁钝愚笨的那组大白鼠快得多，而且在学习能力的表现上也强得多。

这个实验的结果当然不出罗森·塔尔的意料之外。他对这个结果的解释是：这可能是因为实验者对聪明的大白鼠怀着比较高的期望和信任，因此在训练的态度上比较友善、和蔼；而另一组实验者因为内心预先带着偏见，所以对鲁钝的大白鼠表现出粗暴、不耐烦的态度，因而影响了大白鼠的学习情绪，并进一步影响了它们的学习能力。

为了巩固这个"偏见会影响学习结果"的假设，1968 年，罗森·塔尔和他的同事雅格布森，来到了一所位于美国中部的小学，他们从这所小学的一至六年级当中，各选出三个班级的学生来参与实验。首先，他们给这些学生做了一个叫作"预测未来发展"的测验。测验结果出来以后，他们又从这些学生中，随机抽取了一些学生的名字，然后把这个假装是有"优异发展可能"的名单交给了老师，还煞有介事地一再叮嘱老师们不要把名单外传出去。

8个月后，罗森·塔尔和雅格布森又来到了这所小学，又召集了上次所有参与实验的学生们做了一次智能测验。结果发现，在那份随机抽取的假名单上的学生们的智能增长，都比其他同学快了一些，而且最重要的是，他们在情绪的表现上也显得活泼、开朗、求知欲旺盛，和老师们的互动也更积极而感情深厚。

罗森·塔尔对这个结果的解释也和上个实验一样。他认为，虽然拥有名单的老师们始终把名单藏在心里，但掩饰不住的信任和期待的情绪，却会通过眼神、笑容、声音以及肢体语言等，来影响着学生的学习情绪，使这些学生对自己更加自信，对上学也充满着动力和兴趣。

这个实验结果，就是教育心理学上著名的"罗森·塔尔效应"，或叫作"期待效应"。当然，它给教育界带来了巨大的反思，让老师们理解，我们的信任和期望，以及对待学生们的态度，其实是影响孩子学习成就的一个非常重要的因素。

不过，在这里我想特别指出的是，"罗森·塔尔效应"可以是正向的，但同时也可能是负向的（想想那些被诬陷为劣等的大白鼠和不在优异名单上的学生们）。此外，国内现行的小学教育，因囿于现实的客观因素，并不像欧美国家那样一个班级当中只有十多个学生，所以如果我们只期望老师们能理解"罗森·塔尔效应"的威力，对班上几十个学生都做到一视同仁的对待，在现实中是有一定难度的。

因此，我更希望对"罗森·塔尔效应"的认识能落实到父母或家里其他长辈的身上。因为孩子和我们相处的时间更多，而学龄孩童所寻求认同的对象，除了影响至巨的老师之外，家长的反应也是关键中的关键。

2. 习得性无助——把通往理想的路径切割为可以达到的阶梯

"习得性无助"是我们在面对有学习困难的孩子时，常会用到的专业诊断语汇。

它指的是个体在经历了某种学习之后，因为不愉快的情境经验，而导致在情感和认知行为上，所表现出的消极的特殊心理状态。有两个实验可以说明这种特殊的心理反应。

在第一个实验中，实验人员将一只跳蚤放进敞着口的玻璃杯里，结果跳蚤没一会儿工夫就跳出了杯子。来回几次之后，实验人员又将跳蚤放回了玻璃杯里，可是这一次，他却在杯子上加了一个厚厚的玻璃盖子。又被放回杯子里的跳蚤以为这次还可以轻而易举地跳出杯子，可是没想到它腾空跃起时却被盖子给弹了回来。跳蚤不死心，又奋力地往上跳了几次，可是每次都被牢牢盖住的杯盖给重重地弹了回来。

最后，灰心丧气的跳蚤再也不想跳了，即使实验人员把玻璃杯盖挪开，又试图引诱它再跳，可是在被迫之下跳起来的跳蚤，竟然选择了和杯口保持一段安全距离的高度，就再也不去尝试往上跳得更高了。

另一个实验是美国宾夕法尼亚大学心理学教授马

丁·塞利格曼的那条著名的狗。塞利格曼把狗关在一个上了锁的笼子里，并且在笼子边上安装了一个扩音器。只要扩音器一响，笼子的铁丝网就会通上电流，电流的强度足以让狗感受到痛苦，但却不会伤害它的身体。

刚开始，扩音器响的时候，被电到的狗会在笼子里四处乱窜，试图找到逃脱笼子的出口。可是在试过几次都没有成功彻底绝望了之后，狗就放弃了挣扎。虽然扩音器响了，还是有电流通过，但狗只是躺在那里默默地忍受痛苦，却不再奋力还击了。

塞利格曼于是把狗挪到了另一个更大的笼子里，笼子的中间用隔板隔开，一边通电，一边没有通电，但隔板的高度是狗可以轻易跳过去的。塞利格曼把另一条从来没有经过实验的对照组狗，和先前的那条实验狗一起关进了通电的一边，当扩音器响起，笼子通电时，对照组狗在受到短暂的惊吓之后，立刻奋起一跳，逃到了安全的那一边，可是那条可怜的实验狗，却在表现出惊吓30秒钟之后，眼睁睁地看着伙伴狗轻易地跳到笼子的另一边，自己却卧倒在笼子里，再也不肯尝试了。

我知道，这个实验听起来十分残忍，对爱护动物的人来说，更是不可思议的残酷。但是，如果我们把这个实验结果，对照到自己的孩子身上就会发现，往往我们对学习成就比较低的孩子的对待，就和对待那条实验狗一样的残忍。

在学校里成绩表现不好的孩子，就像那条关在通了电的笼子里的小狗一样，曾经试图奋力地跳跃还击，可是当发现自己力不从心，或电击的力量远远超过自己的力量时，可能就会"习得性无助"地放弃了挣扎的努力，他们可能选择认同自己的无能，在自暴自弃的心理意象中，默默忍受失败的痛苦；也可能因此向下修正可以达到的高度，宁愿选择较低的成就，以避免自己再次遭受失败的打击。

所以，我们是不是能重新审视给孩子订立的标准，并且试着帮助他在达到标准的路径中，多切割出几个经过一定的努力就可以迈上的台阶？

3. 投射作用——避免"想当然"的主观偏见

"投射作用"有可能是在日常生活中我们在不知不

觉的情况下最常用到的心理机制。从心理学的解释来说，它是指个人将自己的思想、态度、愿望、情绪、行为等个性特征，不自觉地反映在外界事物或他人身上，进而造成认知上的影响。

从前，我在我的婚姻治疗室里面对有婚姻困难的配偶时，就常发现"投射作用"是造成沟通障碍最主要的因素之一。如果夫妻双方都频频启动这个先入为主的机制，（不过凭良心说，沉陷在感情中的女人比较容易犯这个错误！）沟通时就会你说你的、我听我的，结果虽然谈了半天，却谁也没弄明白对方的意思。

父母在面对孩子时，尤其是面对孩子的课业学习或技能学习时，因为彼此之间权力的巨大失衡，也很容易由上对下，启动这个自以为是的心理机制。

美国有一则关于这个心理机制的寓言故事：

在一间漂亮的、四周都是落地玻璃窗的大房子外面，有一只小鸟很想进到屋子里。每天，它都锲而不舍地往玻璃窗上撞，可却一直都没有成功，而且每次撞完之后，这只可怜的小鸟都会重重地跌落到窗台上。其实，紧挨着那一大片落地玻璃窗的旁边，明明就有一扇开着的窗户，可是小鸟却总是蒙着头往玻璃上撞，完全没有发现那敞开的窗口。

旁边的路人看见了小鸟笨拙的行为，都难过而嘲笑地说："你看，那只笨鸟，难道它不知道旁边就开着扇窗吗？它怎么能这么笨呢？！"

有一天，有个老先生拿着望远镜出门，无意间把望远镜的镜头对准了小鸟。当他从望远镜里仔细地观察了那只笨鸟的行为之后，才愕然发现，原来那只每天蒙着头撞玻璃窗的愚笨小鸟，其实并不是想进屋子里去。它其实是在快乐地啄食黏附在玻璃窗上的小昆虫，并且满足地躺在窗台上享受美食呢！

我很喜欢这个寓言故事，因为在我处理的很多具有偏执性行为或情绪困难的个案中，不管是小学生或中学生，常常都有和家长之间因为要学习什么而产生争执和矛盾的因素在内。"我知道他很聪明，但他就是不好好学！""我知道他有兴趣，但就是故意和我作对！""我是他妈妈，我难道不知道他喜欢什么吗？"……我自己是个母亲，也当然希望自己的孩子成龙成凤，但问题是，我们心目中的强龙或凤凰，是不是也正是孩子心目中所希望成为的强龙或凤凰呢？

有一个在管理学书籍上常常被引用作为解释沟通技巧的真实例子，我很想在这里再述说一遍，好让你们对生活中因投射作用而产生的"误解"，有更清楚的认识。

有一次在节目中，美国一档脱口秀节目的主持人理查德·林克莱特采访了一个小男孩。他问："你长大以后想做什么呢？"小男孩毫不思索地立刻回答："我要当飞行员。"

林克莱特为了考验这个小男孩的反应，也为了增加节目的效果，他接着问："如果有一天，你的飞机飞到大海的上空时，突然所有的引擎都熄火了，那个时候你会怎么办呢？"

小男孩想了想，回答说："我会告诉飞机上的人都要系好安全带，然后我会背上我的降落伞跳出去。"

小男孩说完这话之后，观众席上立刻嗡嗡地响起了不同的声音。有的人被他的童言童语逗得哈哈大笑；有的人为他的胆小自私摇头叹息。但是在这些声音稍稍平息下来之后，观众却突然看见小男孩带着悲悯的表情，噙着眼泪继续说："因为我要赶快跳下去拿燃料！"

所以，当我们认为了解自己的孩子时，我们是真的了解，还是在自己的投射心理下，以为自己了解呢？

4.认知与道德——尊重孩子的认知发展，掌握教诲的分际

我在学校读儿童心理学时，深受一位瑞士儿童心理学大师让·皮亚杰的理论影响。他的理论，除了帮助我建构了对儿童发展阶段的认识之外，最重要的是，让我明白了如何根据孩子的认知和道德发展，来适当地拿捏处罚和教诲的分际。

在皮亚杰的儿童认知和道德发展理论中，有两个十分有名的对偶故事：

A. 有个小男孩叫斯利卡。他父亲出门去了，斯利卡觉得父亲的墨水瓶很好玩，所以他用父亲书桌上的钢笔吸着墨水玩。可是玩着玩着，他把父亲书桌上的桌布

弄脏了一小片墨水渍。

　　B.有一天，一个叫奥古斯塔斯的小男孩发现父亲的墨水瓶空了。他父亲出门之后，他想帮父亲把墨水瓶灌满，好让他回来后就能立刻使用。可是，在打开墨水瓶盖时，他把书桌上的桌布弄脏了一大片的墨水渍。

　　皮亚杰问：

　　（1）这两个孩子的过失是否相同？

　　（2）这两个孩子当中，哪一个比较坏？为什么？

　　他又提出了另外两个对偶故事：

　　A.有一个小女孩叫玛丽。她的妈妈出门去了，她觉得桌上的玻璃杯很好玩，后来，她不小心打破了一个杯子。

　　B.一个叫妮妮的小女孩想帮妈妈做家事。有一天妈妈出门去了，妮妮就帮妈妈洗杯子，可是，她打破了3个杯子。

　　皮亚杰又问：

　　（1）这两个孩子的过失是否相同？

　　（2）这两个孩子当中，哪一个比较坏？为什么？

你知道孩子们对这两个故事的答案选择是什么吗？

皮亚杰根据孩童的反应，概括出了一条儿童道德认知发展的规律：儿童的道德认知发展大致分为两个阶段：在 10 岁之前，儿童对道德行为的判断主要是根据他人所设定的外在标准，而且，他们会根据行为的后果来判断行为的对错，而不会考虑行为的动机。这个阶段，我们称之为"他律道德"。

但是到了 10 岁以后，儿童开始依据自己的内在标准对道德行为做思维判断，而且认为行为的动机比结果更重要。这个阶段，儿童心理学家称之为"自律道德"。

所以，一个 10 岁以下的孩子会倾向于认为谁弄脏桌布的面积大、谁打破的杯子多，谁就是比较坏的孩子；而 10 岁以上的孩子，则已经能考虑不管结果如何，只要谁的动机比较正确，谁就是可以被原谅的孩子了。

所以，如果我们明白了皮亚杰试图告诉我们的儿童认知和道德的发展进程，那么是不是就会更注意自己对孩子的言传身教？更明白该怎么坚定教养的准则？以及更清楚在处罚之前，得先了解那些背后的心理动机？

第五章
几件父母必须学会的事

　　有一句老生常谈的话：生孩子容易，养孩子难。这句话虽然貌似腐朽，但却是个不假的真理。当年我在儿童心理卫生中心工作时，送走身心受伤的儿童离开治疗室之后，我们几个年纪尚轻的同事就常常难过地埋怨他的父母，为什么生了孩子却不管孩子呢？如果没有能力去爱孩子，为什么还要生下他，让他受这些苦呢？

　　是的，养孩子看似容易，实际却学问高深。如今年龄渐长，经历过生命跌宕起伏之后的我，除了仍然会为那些因不当教养而受伤的孩子感到难过之外，已经明白并坚信所有的父母在决定生下孩子时，都希望给孩子最好的养育和成长环境，但有时因为自己也还是个心智尚未长大的孩子，有时为现实所迫确实力不从心，有时愿望恳切但却不得其法，因此，在教养孩子方面充满了挫折，既苦了自己，也苦了孩子。

我在这个章节里罗列出了几个身为父母必须学习的功课，这些都是每天生活中亲子之间会遇到的情境，也是最容易影响孩子身心的细节。我的方法，或许不完全是解决问题的真理，但却是经过多年的专业训练和亲身实践的苦口婆心。

一、学会聊天

在我有关亲子教育演讲的互动问答时间里，出现最多的问题之一就是：金老师，我的孩子都不跟我说话，每次问他话，他都是随便回答两句敷衍我，怎么办啊？

是的，这确实是个让许多父母头疼的问题，尤其是孩子上了小学高年级以后，这种情况更是让父母担忧，因为如果孩子不和我们沟通，我们就不知道他真实的情况，不仅没办法帮助他、引导他，也没办法让他感受到来自父母的关心和爱。可是，事实上，孩子是很愿意和我们说话的，只是因为我们不会跟他们聊天，所以就把这扇沟通的门给慢慢地关上了。

以下是我们和孩子聊天时应该掌握的几个技巧：

1. 是聊天，不是质问

"练琴了吗？""功课写完了没有？""今天在学校调皮了吗？""考试成绩发了吗？"这些都是质问，不是聊天。你如果问一个2岁大的小孩："宝宝今天乖不乖呀？"因为他的语言能力和思维能力都有限，所以会很高兴地回答妈妈："乖。"可是对一个已经上小学、拥有完整的语言表达能力和思维能力的大小孩，你再使用这类的问句，那么它就不是充满爱意的聊天，而是带着责难意味的质问了。而且，这类质问式的问句还会引来不必要的矛盾。孩子通常会这么回答：

"练琴了吗？""练了。"

"功课写完了没有？""快写完了。"

"今天在学校调皮了吗？""没有。"

"今天在学校做了些什么？""没做什么！"

……

于是累了一天的妈妈说："你怎么总是不好好答话啊？"烦躁而委屈的孩子回答："你问的我都回答了啊，你还要我怎么样？"

2. 聊天要"从小处着手"

我们怎么能更好地与孩子聊天呢？

你不问："今天在学校做了些什么？"你要问："今天营养午餐吃的是什么点心啊？好不好吃？"

你不问："功课写完了没有？"你要问："今天自然课老师教的什么啊？"

你不问："今天在学校调皮了吗？"你要问："你们班上最多人喜欢的男生（女生）是谁啊？"

你不问："练琴了吗？"你要问："你们班有没有小朋友也学琴啊？他们喜不喜欢练琴啊？"

这些缩小了范围但开放式的问句，一来，可以让孩子很容易地就顺着往下回答，不会只是以简短的"有"

或"没有"来回复；二来，它可以提起孩子讨论的兴趣，因为很具体，而且有些说的是别人的八卦；三来，这样的问话方式，表达了你的兴趣、关心以及好奇，而不是只是需要答案的质问；四来，这种问话很轻松，孩子不会感到剑拔弩张的压力。

3. 要先表示"同理心"

我们和孩子聊天时，不要急着"纠正"或"否定"，那样的话很容易控制不住地进入一个模式里——立即纠正或立刻否定。我先还原一个对话场景，大家就能明白我的意思了。

孩子说："我不喜欢吃红萝卜！"

你说："怎么会呢，红萝卜很好吃，很营养呀！来，吃一块，一定要吃！……"

或者更糟糕的是："小孩不能挑食，什么都得吃！这样才能长大个儿！"

孩子说："数学课无聊死了！"

你说："怎么会无聊呢，数学课多重要啊！将来你考大学……"

或者更糟糕的是："无聊也得学啊！不学将来怎么考大学啊！"

孩子说："我怕明天考不好！"

你说："考不好就考不好呗！没关系！只要你努力了，考试成绩不是最重要的！"

或者更糟糕的是："为什么考不好啊？是不是没好好学，老师讲课你没好好听啊？"

孩子说："我没选上班干部，好难过！"

你说："这有什么好难过的，其实，没选上更好，我们可以集中精力念书。"

或者更糟糕的是："那肯定是你自己表现得不够好，下回要更努力，要不人家还是不会选你的！"

你能不能想象，这种对话的结果是什么？孩子会抱怨，我的父母不了解我，我真的没办法和他们沟通；而做父母的，则心痛难过地说，我已经尽力去理解他了，这个孩子怎么那么难管教、那么难沟通啊！

其实，并不是他难管教或不想和父母说话，而是他在说话的过程中，感受不到来自父母的"接纳"，尤其是对他的情绪的接纳。我们的快速纠正或立刻否定，会让孩子觉得自己的看法、感受、情绪是无关紧要的，父母重视的，只是他们自己的看法，而且还要把这些看法"以大欺小"强加在我身上，所以许多孩子就"气得"再也不愿意说出自己的心里话了。

那么，表达"同理心"的聊天技术是什么？

孩子说："我不喜欢吃红萝卜！"

你说："噢，你不喜欢吃红萝卜（接纳他的意见），为什么呢？是不喜欢它的味道？还是其他什么？（倾听他的想法）"

孩子说："数学课无聊死了！"

你说："天啊！我上学的时候也特别不喜欢数学课（表示心同此理），你为什么也不喜欢呢？（倾听他的想法）"

孩子说："我怕明天考不好！"

你说："是啊！考试之前，每个人一定都会害怕的（表示认同此心），那你担心什么呢？（倾听他的感受）"

孩子说："我没选上班干部，心里好难过！"

你说："是啊，不难过才怪呢！（表示全然地接纳和理解）你现在那么难过，妈妈该怎么做才能让你快乐一点呢？（倾听他的需求）"

你觉得这么说话，听起来是不是会舒服一点呢？如果你和老公／老婆或上司说话，是不是也会希望他们能够以这样同理的态度来倾听呢？所以，不只是孩子需要我们用"同理心"来聊天，就算和已经长大的成人说话，这个技巧也一样通用哦！

4.一定要学会倾听

对孩子表示了同理心之后，一旦我们开了个让孩子回答的头，就要学会耐着性子（还有控制自己），允许他自由地把话说完，并且真正地用心去倾听。

我自己是个母亲，我知道作为母亲是多么急切、多么容易地想指导孩子，免得他犯错或受到伤害。但是很多时候，孩子更需要的是父母的聆听，而且是很有安全感的聆听，这样孩子才愿意放心并且诚实地说出自己的心里话，我们也才能够知道他小小的脑袋里到底想的是什么。

倾听的诀窍是：

（1）专注——看着他的眼睛说话。我先设计一个对话的场景给大家看看：

太太兴奋地回家："老公，告诉你个大好的消息，今天我们领导开会时当众夸我，说我是全公司里最有创意的人！"

先生继续对着电脑但也表示开心地说："是吗？太好了！"

太太走到先生身后，环抱着他的头，继续兴奋地说："我觉得自己真的很有创意，你都不知道那篇文案我写得有多棒！"

先生抬起头，亲了亲太太的脸颊，接着继续对着电脑，但也表示开心地说："是吧！我就告诉过你，那篇文案很棒！"

太太没有松手的意思，继续搂着先生的颈子："是吗？我真的好开心，终于感觉有点成就感了。"

先生抚摸着太太的手臂，继续对着电脑，说："那就好！你开心我就开心！"

太太从兴奋中回过神来："哎！你能不能看着我说话啊？我怎么感觉你好像不太在意，你是不是不希望我有成就啊？"

先生终于把视线从电脑前移开，看着太太的眼睛，有点生气地说："你说的这是什么话？什么叫我不希望你成功啊？"

接下来的场景不用我说，你们也能猜出一二了！

如果你觉得这位先生真是不懂得沟通的艺术和礼节，那么再看看下面这个对话场景：

孩子兴奋地从书房出来："妈妈，妈妈，你看，这是我做的美劳作品！"

妈妈从书桌前、从洗碗槽前、从洗衣机前低下头看看孩子手上的作品，回过头，继续手上正在做的事，说："嗯！做得真好，真漂亮，宝宝真是太能干啦！"

孩子继续兴奋而骄傲地说："妈妈，妈妈，你看，我这个会活动的屋子！"

妈妈继续忙着手中的工作："嗯！真好看！"

孩子觉察了妈妈的不注意，嘟着嘴说："妈妈，你都没有注意听我说话，你都在敷衍我！"

上面这个场景不是我虚构的，它真实地发生在我和我儿子之间，也是他小时候最常抱怨和投诉我的"罪行"——妈妈总是心不在焉地敷衍他。

（2）亲密的肢体语言。弯下腰来、蹲下来、坐下来、抱着他、看着他的眼睛、拉着他的小手、搂着他的肩、摸摸他的头、顺顺他的头发，听他说话。这是倾听的第二个诀窍。

有一部由梅丽尔·斯特里普主演的电影《妈妈咪呀》（Mamma Mia），剧中的一幕影像让我每回看了都非常感动，而且历历在目久久不能忘怀。那是梅丽尔·斯特里普和饰演她女儿的朱莉·沃尔特斯，在女儿即将出嫁的那天早上，两人一起在房中为新嫁娘梳妆打扮的剧情。镜头中，女儿撒娇地蜷曲在妈妈的怀里，由妈妈为她涂上脚趾指甲油。那幕场景准确地传递了女儿和母亲之间的亲密关系，也精细地传递了她们之间浓郁的亲情，即便隔着银幕，我都能感受到它传递出来的强烈情感。这是我很羡慕的沟通方式——用亲密的肢体语言来传递爱意和浓情的方式。

所以，趁着孩子还小，趁着他还愿意被你拥入怀中，趁着他还愿意什么都告诉妈妈或爸爸的时候，别浪费时间，好好享受它！衣服可以明天再洗，工作可以稍后再补，孩子的亲密情怀，却稍纵即逝！

5. 要注意礼貌，不要嘲笑他

半大不小的孩子非常敏感，也非常有自尊心，大人只要表现出"可笑"的表情，都有可能被他们解读成"嘲笑"，而让沟通的桥梁断开。所以如果孩子说出了很幼稚、很惊讶甚至让我们很担忧的内容时，一定要学会不动声色地继续听他说完，也要学会控制自己不立刻做出纠正或斥责的举措，等他全部说完了，天也聊完了，再找时间、找方法慢慢地引导他。

我儿子15岁那年从英国放暑假回来，有一次聊天中，我有点假装随意地问他："你有没有女朋友呀？"儿子郑重其事地想了想，回答说："还没有，不过我已经亲过6个女生了！"我当时听了差点从椅子上跌下来，不过，我没敢做出任何反应，只是又假装淡然地问："哦？已经亲过6个女生啊，那后来呢？"儿子说："没有后来啊！反正她们都很丑！"

于是，在接下来的时间里，他开始一一描述这几个女生难看的地方，有的青春痘太多；有的屁股太大；有的牙齿有点暴突；而我，就真心地和他一起讨论、一起笑得东倒西歪地听他夸张的描述。一直聊到最后，我才又云淡风轻地说："哎！你知道亲过以后就不能继续再做什么吧？"儿子说："放心！我知道，我又不是傻瓜。我们老师说了，我们现在还太小，还不能负责任呢！"

6.要学会"请教"

如果沟通的门已渐渐关上，可以用"请教他"的方式，再来打开这扇门。这个方法尤其对10岁以上小学高年级的孩子尤为有效。我不止一次教孩子不愿意再和父母聊天的爸妈这个方法，而结果也屡屡奏效。

你可以找个生活中或工作中让你困扰的问题，找个稍长一点的时间，郑重其事地请教孩子，问他，如果他在你这个处境中会怎么做。通常，孩子在看到父母遭遇困难时，绝对愿意立刻伸出援手。运用这个方法有几个好处：

其一是，孩子由此知道父母的生活内容和辛苦；其二是，孩子会感到很骄傲，认为自己有价值，是个对父母和家庭有贡献的人；其三是，孩子会认为你重视他、认可他，这对孩子来说是非常非常重要的自我认同；其四是，你打开了和他讨论和沟通的门。

不过，这个方法并不是一种沟通的伎俩，而是真心的请教和讨论。因此，当孩子提出他的见解和看法时，我们一定要虚心地听，真诚地和他一起讨论，即使他说的方法并不可行，也是在讨论之后所共同得出的结论，而不能立刻主观地否定或推翻。事实上，很多时候，经过这番请教和讨论，做父母的会惊讶于孩子的成熟和懂事，发现孩子在不知不觉中已经长大，已经拥有了自己的思想和见地，这对父母来说，也是一种莫大的宽心和安慰。

7. 建立一个安静的亲密聊天时光

儿子自从 10 岁到英国念书以后，我们母子见面的时间骤然减少，更遑论一起聊天的时间。为了不影响我们的感情，我设计了一个叫作"母子深情对谈"的亲密时光。每次我到英国去陪他住几天，或者他放假回家，我们一定都会有好几次"母子深情对谈"的时间。在这段时间里，我们不做任何事，只是躺在床上聊天，一聊就是好几个小时，有时甚至整夜聊得都不睡觉。因此，到现在为止，我最自豪的一点就是儿子和我，不论是工作上或是爱情、生活上，几乎无话不谈。

所以，如果你很幸运每天都能见到自己的孩子，那么就拨出一个亲密的聊天时间，每天一次、每个星期一次甚至每个月一次都行，只要在这段时间里，我们心无旁骛，不再忙东忙西，把全部精神和注意力都放在他身上，回答他的问题、回应他的情绪、聆听他的苦恼、分享他的欢乐，那么，这段亲密聊天时光所带来的理解和情绪抚慰的能量，就足以帮助他应付繁重的课业、人际关系的压力，以及获得自信和安全感了。

二、学会赞美

我小的时候，大部分的中国家长都不懂得赞美孩子，"慈母出败儿"是当时教育的主流认知，所以缺乏夸奖和鼓励之下的我们，个个胆小而缺乏自信。可是，当西风东渐，亲子教育专家终于让中国父母们了解了夸奖的重要性之后，形势似乎又有些"过犹不及"地一发不可收拾，弄得现在的孩子们除了个个还是胆小、缺乏自信之外，同时又自我感觉高度良好得没办法面对失败和处理挫折。

许多社会心理学家对这种现象的看法和我一致，认为现在的家长又落入了另一个"过度赞美"或"不当赞美"的窠臼，把爱的教育误当成毫无分际的赞美，所以才让孩子在泛滥的赞美下，失去了抵抗不完美的能力。所以，学会赞美，也是家长们要学习的重要功课之一。

1. 赞美要"言之有物"

也就是说要赞美得"到位",这是我在上消费心理学课程时常常会告诉销售人员的一件事——范围太大的赞美,等于没有赞美。在现在这样一个情感表达自由开放的社会里,赞美和听赞美已经是个再普通不过的事,而且由于它的普通,所以往往赞美就失去了它原本该有的强度和能量。

我们先看看以下这两组对话:

妈妈:"嗯,这幅画画得真好!"

妈妈:"嗯,这幅画画得真好!我尤其喜欢这棵大树,你看,叶子画得多好啊,我都能感觉到它们在风中摇曳的样子!我也喜欢你的用色……"

妈妈:"最近你表现得不错!"

妈妈:"那天在学校里妈妈看见你和同学说话,我觉得真的很骄傲,我听见你和同学说……我那时就觉得你长大了,将来一定是个能帮助别人的人。"

你看见了吗？如果我们在赞美他人的时候，能明确地指出原因，明确地说出它让我心生赞美的理由，那么这个赞美不仅能让被赞美的人感受到你并不只是虚应故事的客套，而是发自内心真诚的赞扬，这对被赞美的人来说，是多么感动和开心的事。另外，如果我们能说出具体的理由，还能让被赞美的人知道，你认同他的哪一部分价值，不仅让他对自己更有自信，也更愿意继续去实践和完善这个价值。

至于这种赞美对孩子所带来的好处，我相信不需要我再赘述，大家一定都能明白。我只是希望在这里强调一点，每个孩子终其一生都或多或少在寻求父母的认同，而这种对父母认同的渴望，在孩子五六岁时开始发展得尤为明显，所以身为父母一定要在这个时候就尽量地满足他们。

2. 赞美要有细节

"到位"的赞美，就是多说些"细节"，和说出自己的"感受"。一个人不管年龄有多大，都喜欢听别人在赞美自己时多说些细节。例如，如果称赞一个女性漂亮，你说："你真漂亮啊！"她听了高兴，但可能会想你只是客套，或者安慰她；可如果你说："你真漂亮啊，尤其是你的眼睛，又黑又亮，睫毛又长，每次我和你说话，都不能不看你的眼睛，它们真是太漂亮了。"我保证，经过你这么一赞美，她从此会对自己的眼睛更有自信，而她也就更愿意和你做朋友了。

因此，每次要赞美孩子的时候，你一定要尽量说出他值得你赞美的细节，也要尽可能多地描述自己因为他的优点而感受到的快乐和骄傲。对于孩子来说，除了前面我说的两种好处——感受真诚和自信之外，他也会因此知道父母的价值观，以及父母希望他做到的事是什么。

3. 学习"到位"的赞美

到位的赞美是可以练习的，而且不仅仅是大人需要练习，孩子也需要学习。儿子小的时候，我常常带着他做一个游戏——赞美比赛。我让他选出这个星期他最想赞美的人，可以是表哥表姐或表妹，可以是奶奶或外婆外公，可以是同学，也可以是爸爸或妈妈，而我，也选出一个想赞美的人。

接着我们一人发一张纸，在纸上写出我们想赞美那个人的理由，然后我们开始进行辩论比赛，看谁所推举想赞美的人，最有理由成为那个星期的"赞美之星"。

通过这个游戏，我可以从儿子辩论时所列举的理由中，很技巧地知道他最在乎的是什么、他的价值观、他这个星期的活动内容、他的情绪状态，甚至他生活中所遭遇的不愉快。此外，我也可以从辩论中，带着他、帮助他练习欣赏别人的优点和"会说好话"，奠定他日后处理人际关系的视角和能力。

4. 赞美要适度

切记，言之有物的赞美必须是"有度"的，不要"为赞美而赞美"。

自从亲子教育专家鼓励父母们要多赞美孩子以后，向来不会赞美孩子的中国父母，受教之余，为了弥补自己可能曾经的缺憾，有些时候又变得过度赞美，致使泛滥的赞美反而成为孩子不敢尝试、裹足不前的绊脚石。

举个在家里最常看见的例子：

3岁的妹妹在客厅茶几上涂鸦，无意间画了几撇她自己都不晓得是什么东西的图案。妈妈看见了，为了鼓励妹妹，于是故作激动状地拍手叫好："画得真棒！妹妹真聪明！"

一旁的姥姥看见了，也跟着鼓掌称好。傍晚爸爸下班回家了，妈妈兴奋地告诉爸爸今天妹妹有多能干，爸爸于是又鼓掌叫好一番。妹妹很兴奋，继续涂鸦。

接下来几天，刚才的场景又出现了几次，可是妹妹在连续开心地画了几天之后，突然就不再喜欢画画了。妈妈和姥姥觉得很奇怪，问妹妹："你不是很喜欢画画吗？怎么不画了呢？"妹妹噘着嘴、甩掉彩色笔说："我不喜欢画画！"

你知道问题有可能出在哪儿了吗？

一开始，妹妹确实觉得很兴奋，也感受到了绘画的鼓舞和乐趣，而且她知道，只要她画画，妈妈和姥姥就很高兴，就说她是聪明能干的好宝宝。可是她还小，她的绘画能力或许有限，或许她根本不知道该画些什么，又或许她原来根本就不喜欢画画。于是她很担心，担心她的"不能干、不聪明"会被妈妈和姥姥发现，而发现之后，她们就会不再喜欢她了。所以，她就拒绝再画画，并且说自己不喜欢画画，免得再继续画下去，露出马脚就麻烦了！

因此，有的孩子起先喜欢弹琴，后来学着学着就不喜欢了；喜欢绘画，学着学着又不喜欢了；喜欢滑旱冰，后来连旱冰鞋都不愿意再碰一下了。而造成这些在父母口中"这孩子真让人操心，做什么、学什么都没有个定性"的缺点的原因之一，很可能就是因为我们过度的、没有节制的赞美，让他心生担忧所造成的。

5. 赞美要理由充分

针对上述例子，我们说赞美要"有节有度"，而且要"理由充分"。

3岁的妹妹在客厅茶几上涂鸦，无意间画了几撇她自己都不晓得是什么东西的图案。妈妈在一旁看见了，开心地说："呀！妹妹真棒，能拿笔在纸上画画了。姥姥您看看，妹妹现在拿笔拿得多稳哪！您看，她这条线的颜色，多好看哪！"

"呀！妹妹真棒，能拿笔在纸上画画了！"——赞美她确实的成就，"能拿笔画画"，但不是"画得真棒"。

"姥姥您看看，妹妹现在拿笔拿得多稳哪！"——这个成就，是以她目前的生长发展所可以继续努力练习而得到进步的。因此，给了妹妹继续努力的目标。

"您看，她这条线的颜色，多好看哪！"——这是她与生俱来的审美能力，经由这个充分的理由，妹妹知道画画不是只有画得像，漂亮的色彩也是要件之一，而她，是具有这个能力的。

此外，我很希望父母们能理解，我们不能让孩子觉得为了赞美他，大人就可以"睁着眼睛说瞎话"。这会带来几个结果：一是孩子心知肚明，你是骗他、哄他的，他由此也就顺着学会了说瞎话来哄人；二是过度赞美的结果，让孩子不清楚自己的位置，自我膨胀，不能应付没有赞美时的失败挫折；三是当孩子确实不具该项能力时，因为我们的赞美，而让他不敢说，害怕因此让父母失望，失去父母的爱，因此他可能焦虑难安，更加挫折。

6. 赞美的形式要适当

赞美有很多形式，"最受用"的赞美才是"最有价值"的赞美。不同年龄、不同器质的孩子对奖赏有不同形式的需求，所以为了让赞美更具强度和效力，选择适当的方法也是很重要的。有些孩子喜欢父母在大庭广众之下赞美他，有些孩子却觉得尴尬得不行，有些孩子喜欢物质上实质的奖励，有些孩子却只喜欢亲密的拥抱和亲吻……这些都和他们与生俱来的器质有关，和他们对快乐感受的诱因有关。

所以爸爸妈妈最好平时就能和孩子一起讨论这个话题，大家谈谈自己的看法，看看哪一种赞美方式是孩子最喜欢的，哪一种赞美方式又是我们最喜欢的。当大人孩子都知道对方最喜欢、最受用的赞美方式之后，我们才不会把自己的喜好强加在对方身上，赞美也才能发挥它最大的功效和强度。

我还记得读大学三年级时，我在一个国际学校辅导室实习。有一次辅导室配合学校的春游活动到阳明山去爬山，当时读那个国际学校的孩子的家长们，除了是来台湾工作的外国高级白领之外，很多都是颇有成就的海归学人。那天中午，我们带着几十个小学生到一片绿草如茵的野营区野餐，坐定后，几乎每个孩子都很快地从背包里拿出家长早上准备的野餐盒，唯独一个念小学二年级的男孩，却迟迟不肯把餐盒拿出来。

我悄然地把他带到一棵背着同学的大树底下，蹲在他身边柔声问他为什么不把餐盒拿出来呢。这个有位在国际商事法界赫赫有名的优秀母亲的男孩，扭捏地说："因为今天早上我妈妈在我的餐盒上绑了个红色的大蝴蝶结！我在半路上拆了半天都拆不掉！"我强忍住笑意，问他为什么妈妈要绑个红色的大蝴蝶结呢？他说昨天晚上家里有个背唐诗比赛（这些孩子虽然是中国人，但因为出生在美国，中文基础都很差），他赢了妹妹，妈妈为了奖励他，也为了让同学们都知道他的光荣，所以就在他的餐盒上绑了个代表荣誉的醒目标志。

可是，这个在妈妈眼中的荣誉标志，却是这个 8 岁小男孩所不可承受的尴尬和丢脸！

所以，我们要选择什么样的方式来赞美和奖励孩子？请记住一个原则，接受赞美的人是孩子，不是父母，所以它的前提是要满足孩子的需求、尊重孩子的想法，而不是满足父母的需求和想法。

三、学会管教

我曾经在一本写给女性朋友看的书《女人 30+》里讲过我的一个故事。有一次，我参加了一个电视访谈节目，谈亲子教育。当那位年轻的男主持人问我打不打孩子时，我当然告诉他真话："打啊，如果需要，我当然还是会处罚他的。"结果，在那一集节目中，我不止一次地被惊吓过度的男主持人嘲讽，他一再地说："像金老师这样打孩子的人，如何，如何……"害得我当天简直就像个辣手摧子的恶毒妇人一样，羞愧得抬不起头来。

我不是在为自己辩解，但我想说的是，管教孩子是为人父母的责任，也是我们爱孩子的美好天性之一。但是对某一个年龄段的孩子来说，适度的"皮肉之痛"确实是"长记性"的方法之一，只要管教或体罚的分际拿捏得当，是绝对不至于对他造成无法磨灭的身心伤害的。此外，"爱"和"管教"并不相违背，千万不要坠入因"爱的教育"而放任溺爱孩子的误区中。

那么，对学龄儿童，从心理学来说，怎样的管教才算是拿捏得当，能得到效果呢？

1. 坚定

管教孩子最重要的是：坚定、坚定、再坚定。

很多功败垂成的管教，都失败在父母对管教原则的不坚定上。记得当年我在儿童心理卫生中心工作时，有一次我们为社区的父母们举办了一个研习会，教导他们如何管教子女。我还记得我们在会场的三面墙上贴了几个大字，其中一个斗大的字就是"Firm"（坚定），因为亲子专家们一致认为这是管教子女的首要原则，而它也是父母们最不容易坚持的原则。

举个生活中的例子：

爸爸规定小明每天放学以后，必须先把功课做完才能看一个小时的电视。平时，妈妈会遵守这个原则，可是当好久没见面的姥姥从老家来小明家玩时，小明放学回家以后，就直接在客厅里和姥姥一面吃东西聊天、一面看电视，所以一直到睡觉前才赶着把当天的作业写完。

几天之后，姥姥回老家了，小明放学回来之后，一屁股坐在沙发上打开电视，妈妈见了，不高兴地说："怎么看电视了呢？爸爸不是规定了先把作业写完才能看电视吗？"小明不在乎地说："前几天我不是也先看电视，吃完饭才写作业的吗？而且，我也都写完了呀！"妈妈生气了，提高了音量："前几天是前几天，前几天是因为姥姥来了，所以我才让你先陪着姥姥看会儿电视。去，快写作业去！"

小明可能会继续坐着，纹丝不动，但也提高了音量："我就是不去！"或者心不甘情不愿，一面离开沙发、一面嘴里嘟嘟囔囔地说："什么都是你们说了算，一下子这样、一下子那样！"

我们要理解，对孩子来说，尤其是对年龄还小的孩子来说，他不太能明白"情境"和"行为"之间的关系，他的认知发展还不具有理解"在某些情境下，原则是可以弹性调整的"这个道理的能力，所以对他来说，确实有一会儿这样、一会儿那样的困惑和委屈，甚至还能嗅出管教原则上的漏洞。如果孩子是个"小霸王"，那么他有可能就直接反抗、挑战权威，试探父母的底线；如果孩子较为乖顺，那么他表面上虽然顺从了，也有可能心理上却委屈得不得了。

在日常生活中，最容易影响坚定管教的诱因是我们的情绪。虽然我们订了一个规矩，可是高兴的时候，我们可能会破坏它；不高兴的时候，我们也有可能会破坏它。

妈妈曾经告诉小明，只要他考了双百，全家就去游乐园，之后，还可以吃披萨和冰激凌。

小明第一次月考，考了双百，全家去了游乐园，也吃了披萨和冰激凌。接下来的一两次，妈妈也履行了诺言。可是这次月考成绩发下来的那天早上，妈妈在爸爸的手机里发现了一条让她很不开心的短信。下午，当小明放学回家兴高采烈地告诉妈妈又考了双百时，妈妈没有回应，小明不明所以，提醒妈妈星期天去游乐园的事，没想到妈妈却对他吼着说："你就知道玩，做功课去！"

2. 管教一定要"立即""当下"

管教是有时效性的，而且越是低年级的孩子越需要注意这点。原因是，一来孩子的注意力有限，如果当下不立即管教，事后他就忘了当时的情境，再管教时，效果就会差得多，孩子所感受到的正规强度也弱得多。如果过了一段时间，孩子正高兴时，你突然翻出旧账，莫名其妙地让爸爸训他一顿，这种错愕，也会让孩子觉得被骂得莫名其妙，因为他可能早就已经忘记是什么事了。其次对大一点的孩子来说，不及时管教，却留待着秋后算账，会让他心里惴惴不安，养成大祸即将临头的惯性焦虑情绪模式，成为我们最不愿意见到、会影响他思维模式的结果。

我还记得儿子小时候非常不喜欢吃青菜，有一次我们和几个家庭一起聚会，席间，儿子又别别扭扭地不肯吃青菜。我先生看见了，二话不说，站起来轻声地把他带离餐桌，父子二人离开了大约20分钟，再回到餐桌上时，儿子就乖乖地吃了一大盘青菜。我偷偷地看了看他的神色，没有哭过的痕迹，但脸上的景况显然是受了管教的。事后，我一直没问他出去之后发生了什么事，我只是装作若无其事地继续吃饭，而他，也装作若无其事地继续吃饭，但从那天之后，他就开始吃青菜了。

　　（当天晚上回家之后，我问先生那天他们出去后发生了什么事。先生说把他带到了餐厅旁的小公园里，让他坐在公园的椅子上，然后很郑重其事、可是也很严肃地问他："你知道人为什么需要吃青菜吗？"儿子点点头，既卖乖又故作聪明状地说了一大套吃青菜的好处。说完之后，他爸爸就板着脸说："好，既然你知道吃青菜的好处，我们现在就回餐厅去吃青菜。如果你不吃，我们就再出来一次，但如果再出来的话，我就会揍你！"听了爸爸严肃的恫吓，而且看起来是来真的之后，儿子就认命地回去吃青菜了！）

在商场里，我很害怕听见妈妈这么恐吓孩子："你再不乖！看我回家怎么告诉你爸爸！"我们不要这么吓唬孩子（事实上，这么吓唬也没用，他还是一样不乖，甚至还有可能更不乖、更大哭大闹，因为他被吓唬得很害怕），我们只要蹲下来，紧紧地环抱着他，用心地告诉他你多么爱他，然后，心平气和、慢条斯理、语气坚决但绝不语带威胁或语气嫌恶地告诉他，你不允许他这么做。

很多时候，我们不当下处罚或立即管教的原因是怕丢面子，例如在商场里我们最怕孩子哭闹不休，为了息事宁人，所以尽可能地满足他的要求，然后回家再算总账。其实，孩子的心灵是非常敏锐的，他知道要面子是我们的软肋，所以就用这招来制约我们，而且在得逞一次之后，食髓知味的他还会再试探第二次、第三次，等几次试探都奏效之后，这个坏习惯的行为模式就牢牢地建立起来了。

3. 管教要有技巧

你一定见过这种尴尬的场景：一个气急败坏的妈妈

使劲地拖着一个哭得声嘶力竭的孩子往外走，大人小孩都满脸通红，都觉得羞辱不堪。所以，当下的管教一定要注意技巧，不能伤害他的自尊心或羞辱他。

从发展心理学的角度来看，孩子 5 岁以后就已经拥有很强的自尊心，不仅自尊还很容易受伤害，所以当大人以为小小孩儿哪懂得什么事情的时候，他们早就已经把情绪埋藏在心里了。因此管教孩子的时候一定要注意技巧，例如，不能当众责骂，不能劈头盖脸随便乱打，不能盛怒之下口不择言。

前段时间受朋友所托，我处理了一个已经上高中的男孩的问题。在学校里，他的学习成就很低，眼看是不可能考得上大学；在家里，他又完全不和父母说话，使用的词汇只有"嗯""还行"这些简短得不能再简短的答话。我和他谈了两次之后，约略知道了他把自己向父母关闭起来的缘由。他说他清楚地记得小学六年级时，在一次家长会上，被老师数落的母亲恼羞成怒之下，当着好几个同学的面对他吼着说："我真后悔生了你，你是不是投错胎了！"他说当时他被羞辱得完全抬不起头来，心里只觉得恨，恨自己没用，也恨自己生长在这样的家庭。

这个恨一直伴随着他，尽管事后妈妈也觉得自己说的有些过分，但已经无法消弭那当众掌掴般的刻痕和痛苦。在我辅导的这么多问题学童的过程中，很多自卑、学习成就低、破坏性和暴力行为，都可以找到他们童年被长辈责打羞辱的痕迹。

我知道，如今的父母比从前更加辛苦，除了做不完的家务之外，还有压力更大的职业需求，要我们总是心平气和地去面对孩子的错误，确实是个很艰难的功课。但是，家，本该是孩子最稳妥的港湾；父母，本该是孩子最安全的臂膀。为了我们最亲爱的孩子，再艰难的功课也只有咬着牙去学习了。

4. 家长要控制住情绪

父母管教孩子时，要就事论事，不要把自己的情绪投射进去。

我曾经在北京近郊的一个露天商场里听见一对外国父子的对话。当时我们都站在一个音像摊位前挑选碟片。5岁的儿子走到正在读碟片说明的爸爸身边说，我要买机器人。爸爸回道，哦，圣诞节还没有到呢。儿子提高音量：再说一次，我要买机器人。爸爸放下碟片，看着儿子回答：我说了，圣诞节还没到呢。儿子开始呜呜地哭，大声说，我要买机器人、我要买机器人。爸爸看着儿子，口气里没有情绪，风轻云淡地说：哦，你才5岁，我已经35岁了，你认为我会听你的吗？儿子自觉无望，收起了哭声，回头一溜烟找妹妹去玩了。

我站在一旁，对这位爸爸佩服得不得了。他真是个行家，知道如何不动气地解决问题。他既没有被儿子的胡搅蛮缠给激怒，也没有被儿子的哭声给打败，他不烦躁也不焦虑，他只是像对待大人一样，就事论事地让孩子明白：一是还没到买机器人的时候；二是哭是没有用的；三是我当家。

很多时候，孩子最初的行为并没有那么糟糕，但是却因为我们在处理问题时加入了自己的情绪，所以让问题变得更加恶化和激化，最后反而弄得不可收拾。如果我们能学会只还原事情的本质，只看见所发生的事情，例如，没写作业、在学校打架、玩游戏机，而忽略并控制住因为它而衍生的情绪，例如，没写作业——所以考不上好初中；在学校打架——所以担心将来是个坏孩子；玩游戏机——所以日后没出息，如果我们能把这些情绪切断，不让它影响当下的心情，就能够比较好地去针对问题，并且明确地表达我们的意思。

疲惫的妈妈从拥堵不堪的车阵中回到家里，放下手提包后，就立刻洗手准备做饭。当她走进小明的房间，看见小明正对着电脑，不由得心里一阵上火："作业写完了没有？怎么又在上网呢？你这样怎么考学啊？要是考不上好学校，你就做工去，反正我也不管你！你到底写功课了没有？！"

面对妈妈充满了情绪的连珠炮式的责难，小明气得没法答话，只能说："不管就不管，做工又怎么样，又不会死人！"

妈妈被小明的"不求上进"给气坏了，继续说："我每天起早贪黑，这么辛苦工作是为了什么？如果你不喜欢学习，喜欢做工，那好，明天就别上学了，我也省得赚钱帮你缴学费！"

小明气得摔掉桌上的课本，一头倒在床上，捂着棉被再也不想和妈妈说话了。客厅里，妈妈也气得给爸爸打手机，没好气地让爸爸早点回来管管越来越不听话的孩子……

其实，如果妈妈没有在第一时间就动了怒，看见小明对着电脑，她可以试着按捺住性子，抛掉想当然的成见，心平气和地简单问一句："上网哪？"然后听听小明怎么回答，也许就能避免刚才那一幕不愉快的发生。

5. 要允许孩子申辩

其实，管教不是单向的教导，要给孩子辩说和回嘴的机会。

我知道，中国父母最不能容忍孩子回嘴，认为这是顶撞，是蔑视和挑战父母的权威，实际上这种想法是不对的。让我们先抛开情绪，客观、理性地去想想，如果我们不让孩子回嘴，我们怎么能了解事情的原貌，怎么能明白他心里的想法，又怎么能知道我们是不是用先入为主的定罪去误解了他呢？

经由回嘴，我们给予孩子申辩的机会，不仅能帮助我们看清事情的全貌，也能让孩子知道我们和他是平等的，他得到了我们的尊重，也得到我们公正的对待。请相信我，只要我们抛开了对回嘴的情绪化成见，让孩子有权利为自己的行为辩解，这样反而能帮助孩子学会如何冷静、如何控制情绪地回应别人的质疑，这对他将来处理人际关系的技巧有很大的助益。

所以，当疲惫的妈妈看见小明在房里对着电脑时，只要走过去，温柔地摸摸小明的头，轻轻地问："上网哪？"

小明有可能回答："对，在写作业呢。老师把今天的作业发到她的博客上了，我正在看。"

小明也有可能回答："对，我刚写完作业。想休息一会儿。"

小明还有可能回答："嗯，今天在学校特别烦，不想写作业，我想休息一会儿。"

不管小明的回答是哪一种，是不是都能让妈妈顺着他的回答继续聊下去，避免了刚才那一幕让妈妈和孩子都很不开心的场景；更重要的是，让孩子倾诉，以便给我们机会去了解进而帮助他或安慰他。

所以，今后请一定避免这一类的说话方式：

"闭嘴！大人管你，哪有你说话的份儿！"

"你现在会回嘴了啊，你有主意了，翅膀长硬了是不是？"

"你懂什么呀！我吃的咸盐都比你吃的饭多！"

6. 理解孩子的情绪

请理解孩子，人是感情动物，我们都需要情绪的宣泄。

"不准哭，说你，你就哭，你还有理了？！"

"你到底认不认错？你说话啊！"

"我在跟你说话呢，你听见了没有，怎么一点反应都没有？！"

这些似曾相识的话语，做父母的一定都不陌生吧？！我们管教孩子时，虽然是站在高处，是拥有主控权的一方，但是因为疲倦，因为失望，更因为挫折，所以情绪会变得非常敏感脆弱，对孩子被管教时的情绪表现会产生过度敏感的反应。

孩子被责骂时，呜呜地哭了。他可能是被冤枉了感到委屈；可能是做错事了而害怕；可能是后悔了心里难过。可是我们没看见这些情绪，我们看见的，是他不承认错误，是他用眼泪来控诉，是被呜呜的哭声搅得更烦心。

孩子被责骂时不哭，他可能是拥有压抑情绪的人格特质，可能是故意把情绪关闭以便减轻痛苦，可能是真的委屈所以负气抵抗。可是我们没有看见这些动机，我们看见的，是他倔强不承认错误，是用沉默来对抗权威，是被缄默的眼神而搅得缺乏自信的烦心。

所以孩子无所适从：哭，不对；不哭，也不对。除此之外，我们还苛求一个半大不小、情绪成熟度还没发育完整的孩子在经历如此负面的情绪风暴时，能控制住内心波涛汹涌的情绪，像没事人一样好好地说话。

"你说，妈妈管教你对不对，你以后要怎么做？！你说话啊！"

"你说，以后还敢不敢了？你说话啊！"

"你说，今天在学校到底是怎么一回事？你说话啊！"

……

天啊！我们是不是对一个小小的幼苗太残忍了？

因此，请记住，孩子在接受管教时一定会有情绪，从身心健康的角度来说，他们也一定需要宣泄这些情绪，而他们的情绪表现则因他们的人格特质而有不同。有的孩子小棍子还没上身，就哇哇地哭着说：我不敢了，我不敢了；有的孩子小棍子已经像雨点一样打在屁股上了，还紧闭着嘴，不流一滴眼泪……我要说的是，他们的情绪表现和"服不服管"无关，只和他的人格特质有关，而这个人格特质，除了是您给遗传下来的之外，也和您对他的教养方式有关啊！

第六章
孩子需要培养的几个 "成功者的人格特质"

"如何培养孩子拥有成功者的人格特质"，是我被邀请为父母亲们演讲时，常常选择用来作为演讲题目的。我蛮喜欢谈这个话题，因为身为父母，我们最重要的功能之一，就是帮助孩子拥有能适应社会和面对生活的能力（心理学家称这种能力为"社会力"）。况且，生活在这个所谓"适者生存"的现实社会里，拥有成功者的人格特质，也确实能够帮助我们把达到目标的成功概率提高许多。

以下我所罗列出的人格特质，并不单单是从一个儿童心理治疗专业人士的角度来看，也是从一个已经有多年生活经历、阅人无数的年长者的角度来看。在我已然超过30年的职业生涯中，我见识过那些从名牌院校毕业，一开始就锋芒毕露、才华横溢的年轻人，我原本以为他们能一路保持领先，却没有想到在经历职场无数个迥异于学校环境的挑战之后，他们却因为人格特质的缺失而轻易地从竞争中败下阵来。根据我的观察，他们所缺乏的，就是我试着在这里要说明的几项能够帮助自己在人生偶遇的困顿中，将自己从逆境中挣脱出来的能力。

一、品德智商

最近这一两年，引起社会高度关注的热点新闻中，屡屡出现某某富豪因不道德的市场操作行为而身陷囹圄，或某某高官因利用职务之便贪污受贿而中箭落马的新闻。当我们以看热闹的心态看这些商场丑态和官场丑闻时，一定或多或少会心生喟叹，也许是为他们的自毁前程感到惋惜，也许是为他们的道德败坏感到不齿，但我们是否静下心来想过一个问题，这些堪称人中之龙或人中之凤的精英们（能在中国如此庞大的人口中成为富豪或高官，确实需要有过人的才干和能力），以他们的聪明才智，为什么无法预见这些行为会带来如此这般严重的后果，又为什么明知山有虎又偏往虎山行，而无法善终呢？

当然，被欲望蒙蔽了双眼或良知的商人和高官并不仅仅是中国社会的产物，国际新闻中，频频曝光的华尔街内线交易丑闻和其臭不可当的政商勾结，也让现今全球的社会心理学者，尤其是儿童教育专家，都扬起了更高的声音分贝，苦口婆心地劝导父母亲们在教养孩子知识技能（智商）和情绪技能（情商）之外，还要注意教导孩子健康正确的品德技能（德商）。因为唯有拥有良好的品德，才能让孩子未来的路走得更安全、更稳健、更长远，而且从现实的角度来说，也能让孩子在严苛的竞争中，因为被尊敬而得到重视。

在和年轻的白领们谈论办公室政治时，我时常告诉这些孩子们，你们千万不要低估或轻视你们领导或老板的智商，你们以为那些小鼻子小眼的伎俩，能瞒骗得住他们的火眼金睛？错了，在我做老板生涯这么多年中，我和我先生私下里常常叹着气地讨论那些原本可以很优秀，但是却自以为聪明的员工们，我们看得见哪些人真正在勤恳地做事，哪些人则只会讨老板欢喜、做表面功夫。而当我们要选择和拔擢人才时，当然心中有一把雪亮的尺子，当然也更不会拿自己的前途或生意开玩笑！

因此，请让我们每个做父母的人，都在肩上扛起这个更重要的责任，在给予孩子更好的生活环境和知识教育之余，也同时关注他的心智成长和品德教育，让他拥有更齐全的武器装备，好把前程走得更远也更为稳健。

二、善良与感恩的心

在我的排序中，"善良"绝对是首要的。

很多母亲也许一听到善良，就会心疼地问：孩子如果太善良了，会不会很容易被同学欺负？是不是太可怜了？我们难道不需要教导孩子如何自卫吗？

不，我所谓的善良，并不是懦弱或胆怯。一个善良的人必须是积极和有能力的。他必须有能力去爱别人、有能力去看清他人的处境、有能力去规范自己的行为，并且有能力去克制自己不伤害别人。这个能力必须来自很强大的内在，一个人只有在相信自己、喜欢自己之后，才会表现出最美丽的善良特质来。

所以，我们常常以为那些在学校里或社会上总是欺负别人的人是强大的，其实错了，他们的暴力，只是在掩盖自己内心的害怕和不安全感。这种现象在孩子身上尤其明显。你会看到，那些在家里长期被忽视、父母常常吵架或生活在暴力阴影下的孩子们，在学校里往往会表现出"先攻击别人、以求自保"的懦弱行为；而那些生活在爱里、知道自己在安全羽翼保护下的孩子，才会有与人为善、乐意亲近同学、帮助同学的勇敢行为表现。

因此，我在给一些销售人员上"消费者心理学"课程的时候，就常常告诉他们，如果你遇见了一个言语刻薄、蛮横无理的顾客时，千万不要生气，也不要觉得难过，因为他这个行为并不是冲着你来的，所以你不用觉得被伤害。一个行为蛮横、言语尖刻的人，其实是因为内心有一种恐慌，他很害怕别人瞧不起他，很害怕自己会受到差别对待，所以就故意先声夺人，先用尖酸刻薄的语言和行为来伤害别人，并借此来保护自己。

所以，在面对这样刁钻的顾客时，我们只要安静地等他倾泻完内心的恐惧，心里同时默默地对自己说："他并不是针对我，他只是害怕，我要帮助他……"当你因此镇定下来，并且表现出一种"沛然莫之能御"的内在力量时，你就会发现自己能驾驭本来有可能会失控的场面，把一个刁蛮的顾客转变为有礼貌的好顾客了。这个原则和方法当然也一样适用于孩子。

关于拥有善良的人格特质能为孩子的现在和日后带来什么样的好处，我相信所有父母都知道它的答案。所以我只在这里提供一些能启发孩子那些原来就存在的美好特质的方法。

1. 给孩子爱和安全的环境

首先，当然是给他一个充满了爱和信任的环境，并且"允许"他在日常生活中表现出这个特质。

很多人在评价我的时候，都会用"善良"来形容我，并因此而愿意接近我，而我自己也坦然接受这个自认为很中肯的评价。我生长在一个充满了爱的小康家庭，母亲没有读过太多的书，但是她却做到了一般人很难做到的一件事——我们四个孩子从来就没有见过爸爸妈妈红着脸吵过架。我相信他们一定有不愉快的时候，但是我们没有见到过。我们在非常幸福安全的氛围下长大，因此对周遭世界也充满了爱和信任。

此外，据说我从小就是个富有同情心的孩子。妈妈说，带我出门时，只要看见路边有小朋友哭，我就会跟着一起红了眼眶。有一次和妈妈去市场买菜，我甚至还蹲在一个号啕大哭的孩子身边，陪着他掉了好一会儿的泪。更难得的是，妈妈允许我这么做，她会给我一点时间，陪着我蹲在那里，然后再领着我回家。回家的路上她是否曾经对我说过什么，我完全不记得了，但我知道的是，她允许我表达自己对别人的同情，而且不会讥讽我。

看到这里，你们也许又开始担心：孩子这么多愁善感，将来会不会容易受伤害或变得很脆弱？请不用担心，每个人的内在都有"自我防卫"和"自我疗伤"的本能机制，这些机制会随着年龄和知识的增长而逐渐成熟、日益强大，就像一个 5 岁的孩子会选择用"同哭"来表达支持，而一个 15 岁的孩子则会选择用搂抱来表达支持。

所以，作为父母，我们不用急着去教孩子如何防卫自己、武装自己，我们只要给他温暖而安全的环境，帮助他孕育出良善强大的内在能量，他自然而然就能很好地保护自己了。

2. 家长要以身作则

做父母长辈的，一定要以身作则。

我们不能一方面告诉孩子善良美德的重要性，另一方面却在家里当着孩子的面刻薄地批评别人，或表现出相反的行为来。

有一天在车上，我听见司机和助理在愤怒地讨论一部电视剧，剧中的老人被两个极其不肖的儿子抛弃，一个人孤苦伶仃地住在公园里，贫病交迫，非常可怜。我坐在后座听完他们义愤填膺的唏嘘之后，用看似很没有同情心的口气说：你们听过"忠孝传家"这句话吧？如果这位做父亲的在孩子小的时候就灌输了孝道的观念，并且在生活中、在对长辈的态度上，也身体力行地表现出这种价值观来，你们认为他的两个儿子还会用这么令人发指的行为来对待他吗？

我当然不是说任何有不肖子女的父母都是罪有应

得，但是这真的是我们在感叹如今那么多孩子都是啃老族或不肖子时，要深思和自我检讨的地方！

事实上，我常常一个人在私下里有些天马行空的"幻想"，我想象那些在家里接受贿赂、背地里算计别人或辱骂别人的家长们，当他们在家里讨论或操作这些事情时，他们有没有背着孩子？如果没有，他们的孩子看见了会怎么想？会怎么影响他们的价值观？会怎么看待自己今后的人生道路？而且他们是不是也会从父母那儿学会了这些终究会失败的伎俩？

这些幻想常常让我想着想着就觉得胸闷气短，最后只好长叹一声，无奈作罢！

3. 要心怀感恩

除了善良之外，还要教导孩子拥有感恩的态度。

古罗马学者西塞罗（公元前106—前44年）曾说，感恩不仅仅是所有品德中最伟大的一种能力，更是所有品德之母。发展心理学家也说，感恩和谦卑有保护和稳定的功能，是维持一个人精神健康、平衡最重要的泉源。

是的，我们想想看，如果一个人拥有感恩和谦卑的特质，他就会懂得欣赏生命中美好的那一面，懂得从事情的积极面去接受它，而不会只去注意消极的、丑陋的、不快的、压力的那些让自己气都喘不过来的阴暗层面。他因此会更愿意去尝试生活，享受生活带来的种种机会和赠与。

更重要的是，如果孩子学会感恩，他就拥有了一本储存幸福的存折，可以把每天生活中点滴的幸福快乐储存进去，并且从越来越多的"存款"中，认定自己是个幸福和受到幸运之神眷顾的人。等到哪一天，当人生中一定会经历且不可回避的大小困顿出现时，他就可以从容地从存折中提取预存的幸福筹码，帮助自己带着光明的希望，和相信雨后必有蓝天的乐观，去克服"暂时的"低潮。

感恩的态度其实可以表现在许多方面：对父母给予的爱；对同学的帮助；对老师的鼓励；对获得的成就；对得到的礼物；对大自然的美景；对动物的温柔；对拥有的幸福……生活在衣食无忧的现代的孩子们，最让父母和师长们担心的，就是因为拥有太多而不知道珍惜和感恩。他们已经不会因为拥有一件属于自己的新衣服而惊喜，也不会因为吃到一块香甜的奶油蛋糕而高兴，对他们来说，能让他们因满足而高兴的东西已经越来越少，越来越难了。所以很多家长会苦着脸说：我已经尽力去满足他的要求了，可是他还不开心！

那么，我们该怎么办呢？我们总不能收回对孩子的爱或生活上的照顾吧？！难道真的要刻意地让他过些苦日子吗？

那倒不必，感恩的训练不一定必须要清贫地过日子，我们还是可以让孩子在宽松的生活状况下，学会去感谢自己所拥有的一切。

（1）培养他正面思考的习惯。就是看到一件事情的正面和积极面。有一个老掉牙的寓言——半杯水的故事。正面思考的人会看见还有半杯水可以喝；而负面思考的人则看见已经被喝掉的那半杯水。

孩子的思考习惯虽然和他天生的器质有关，但其实受到后天的影响更大，而其中，养育他的人的思考态度尤为重要。如果大人总在逆境时从好的一面去看问题，孩子浸润其中久了之后，自然也会养成这样的思考面向。

我们家有个和父亲从同一个村子里到台湾来的远房亲戚,这位老太太我们大家都很怕她,只要她到我们家来做客,包含我妈妈在内的任何一个人,都很想借故跑掉。我们怕她的原因是她实在是太悲情了!除了有一张悲情得不得了的脸之外,从她嘴里说出来的话,也悲情地把人压抑得快乐不起来。

还记得有年过年,她带着孙子到我们家来串门。在我的记忆中,那个哥哥长得浓眉大眼,很是英俊,我妈妈于是就夸了他几句。没想到妈妈夸完之后,这老太太接着就悲情地说:"咳!就是长得好才麻烦呢!要是将来不学好,他爸爸还不知道得怎么给他遮羞善后呢!"在我妈妈的瞠目结舌中,我记得当时已经念高中的我,清楚地看见那哥哥恨得很想一头撞死的表情。现在想来,那哥哥一定对自己充满了自卑,因为就连那令人艳羡、长得英俊的优点,都能被他悲情的奶奶解读成如此晦涩和不堪!

(2)多留意身边的美好。感恩需要注意力。我们可以带着孩子一起做这个练习。例如,下雨天,我们比赛看谁能写出最多下雨天的好处；大太阳，我们再比赛看谁能说出最多大太阳的优点。我们比赛谁能描写出学校里某某人最多的优点；比赛谁能看见社区里最多美好的景致……通过这些，我们可以训练孩子带着美好的"眼镜"看世界，训练他拥有觉察美好事物的敏锐视觉，最重要的是，养成他从美好的角度去理解周遭的人、事、物。

如果他终于能逐渐养成这个发现美好事物的能力，请相信我，不仅他的人际关系会因此而改变，他的人生境遇也将因此而完全不同。

（3）学会分享和赠与。许多慈善团体会接到来自父母带着孩子一同前来的捐赠，这些都是让慈善团体感到最开心的时刻，因为他们需要的不仅仅是捐赠人的金钱，更重要的是来自捐赠人的爱心和关怀，以及愿意把爱心传播和持续下去的心愿。

"带孩子一起行善"是我最鼓励的亲子活动之一。它不一定需要牵涉到金钱，有时带着孩子做一件对社区邻里或他人有益的事，也是一种感恩的身体力行。多年来，我先生一直有一个微不足道的小小习惯——清晨到公园里去扫地，尤其是清扫那些有人夜里在公园里喝酒而留下的破裂酒瓶的玻璃碎渣，他一直很担心这些玻璃碎渣会划伤在公园里游玩的孩子，因此总是在孩子还没到公园之前，尽可能地把它们打扫干净。他有时自己一个人去，有时在假日清晨会带着儿子一起去。

我相信他在做这件事时，并没有对儿子说太多的大道理，只是带着他的本分似的去做。我知道，儿子长大以后对他爸爸有多么的尊敬，而小时候这个清晨打扫公园的经历，则绝对是其中很重要的一项。

我们常说"施比受更有福"，而这"有福感"的原因之一，是来自因为我有能力去施予，所以我才比别人更有福。孩子不能理解这拗口的哲学理论，所以需要我们带着他用实际的经验去感受，让他在分享、在赠与的过程中去感受助人的快乐，并因此感谢自己拥有这样的能力去帮助别人。

三、纪律和责任感

所有父母都希望培养孩子的责任感，也知道责任感是达到日后成就很重要的一个人格素质，但是，并不是所有的父母都知道，责任感来源于良好的纪律。因为唯有懂得控制自己的本能冲动，懂得自律，懂得接受规范，一个人才有能力为自己的行为负责，也才有能力为对他人的责任负责。而懂得负责任的人，才知道成功是自己的责任，而不是别人的责任。

我知道，对许多父母，甚至对儿童教育专家来说，"纪律"这两个字好像有点过时、落伍，我们现在注重的是"开放"和"自由"，不给孩子严格的规范，这样孩子才能在自由的氛围中长大，才能成为拥有创造力和想象力去思考的人。

我完全同意上述的观点，但我想要澄清的一件事情是：自由的根源是自我约束，是知所节制，是心灵的自由，不是行为的自由。而创造力和想象力的根源，则是严谨思考下的结果，是有理性依据的美学，而不是天马行空式的荒诞不经。

这里举个我在上芳香疗法课程时对木质类精油属性介绍时最喜欢用的比喻来阐述我的观点。木质类精油萃取自成年大树的树干，因此拥有像大树般的特质。那么大树又有哪些特质呢？

让我们先想象一下：自己在艳阳下行走，走累了，远远看到街心公园中的一棵大树。我们走到大树底下，将身体重重地靠在粗壮的树干上。立刻，我们会觉得放松、安全又阴凉。我们不怕大树被我们重重的身体给靠垮了，因为它粗壮的树干和结实的根系，牢牢地扎在泥土里，不会倾倒，所以我们觉得很放心。此时，街心公园里吹过了一阵凉风，我们靠在树干上，仰望天空，看见粗壮的大树上的所有叶片和细嫩枝丫，在风中摇曳，在随着风而轻轻地摇摆。我们感觉到了无比的轻松，无比的自由……

这就是大树和木质类精油的特质——躯干在大地上坚定、安全、稳固、勇敢地站着；但心灵却在风中摇曳，是欢快又自由的。而脑海中的这幅映象，就是我对儿子的一生，最高的期许。

期许他懂得把双脚扎在泥土里，坚定、勇敢地站着，不做逾矩的事，而当他真的坚定地拥有一席之地时，在粗壮树干上的所有叶片和细嫩枝丫，当然也就无所畏惧地自由了。

说真心话，有时我真的很生气那些抓着理论就夸夸其谈的所谓的专家们，当他们高唱"爱的教育""自由思考""开放人格"的同时，其实还需要让父母们理解纪律和严谨的重要性，否则，孩子个个都成了不懂事、不遵守纪律、人人讨厌的小霸王。

我就曾经在一次火车旅程中领教过这种教育下的孩子。当时坐在我隔邻座位上的是年轻的一家三口，儿子约莫只有4岁大。旅程中的前30分钟，这对父母和孩子的互动表现颇让我欣慰，他们一起玩着许多塑料做的小动物模型，又唱又说，十分温馨。可是当中饭的时间到了，这幅温馨的亲子画面却完全走了样！

妈妈起身到餐车去买些吃的。回来时，摇摇晃晃地手上拿着3桶方便面、火腿肠和鸡蛋。

儿子翻翻找找检查了妈妈手上的东西，突然大怒："你不是知道我只吃鸡味儿的面吗？为什么没有买呢？"

妈妈带着一脸的惊恐，赔罪地说："噢！我忘了，真抱歉啊！宝贝儿，我这就去换去！"

儿子不依，手叉在前胸，继续大怒："不用换了，我不吃了！"

妈妈继续惊恐,求饶地说:"啊!别这样呀,宝贝儿,你就原谅我这一次吧……"

我在一旁气得咬牙切齿,真想冲上前去打那孩子一顿屁股,可是更让我生气的是,那位知书达理的爸爸却在一旁笑眯眯地看着这一幕闹剧上演,丝毫没有管教的意思。我当下觉得悲凉至极,心里既为母亲的羞辱感到难过,更为这孩子的将来感到无望。

因此,如果你希望孩子拥有成功美好的将来,请相信我,在给他无条件的爱的同时,在注重他心灵自由开放的同时,也请给他树立严谨的纪律观念,让他懂得尊重别人,懂得尊重群体,因为那最终收获美好成果的,将会是他自己。

1. 纪律设定要符合孩子的心理发展

我们对孩子纪律的设定,必须根据儿童个别的发展进程,而不是根据父母主观的意志。

虽然从一些儿童发展心理学学者的角度来看,孩子从 0 岁开始,或从一两岁上早教班开始,就能很好地学习纪律,但我却建议爸爸妈妈们对 3 岁以下孩子的纪律养成，虽要培养，但却不能太过严厉。因为3岁以下的孩子尽管已经表现出伶牙俐齿的聪慧特质，但他们毕竟还处在认知的萌芽阶段，也还有那个阶段所需要学习的发展任务，如果我们太过严格要求，例如，大小便必须提前知会、坐着听课就不能乱动、时间到了就要乖乖立刻睡觉、玩具必须排列得整整齐齐等，有可能就会对发展上还不完全具备自律能力的孩子，造成情绪上的压抑和挫折，甚至种下日后强迫心理症的诱因。

我希望爸爸妈妈们能理解这一点，对3岁以下的孩子要稍微有耐心一些，不要对他们有太严格的处罚或指责，也不要传递给孩子因自己做不好而让爸妈失望的挫折情绪。我就曾经在一次朋友的聚会中，看见一个受过高等教育的妈妈对才满3岁的女儿说："你要是再这样骗我说要尿尿，但带你去了，你又不尿，那妈妈就再也不喜欢你了！"

我当时听了赶忙把她拉到一边，告诉她以后千万不可以这样对孩子说话，因为对一个3岁的孩子来说，他虽然在大部分的时间里已经可以控制大小便，但却不可能发展出像大人那样膀胱阔约肌收放自如的能力，而且孩子只要一玩得太开心或玩得太累，对尿意的注意力就难免不够集中。因此，你越是这么盯着他学会控制大小便，他就越是感到焦虑，而焦虑的结果，就是越不能控制自己的尿意。所以，他只能一直提心吊胆、小心谨慎地去感觉"是不是要尿尿了"，因此才会有这些总是说要尿尿，但到了厕所却又尿不出来的无辜"谎话"的出现。

此外，当孩子觉察到自己的能力不能符合爸爸妈妈的期望，而爸爸妈妈又确实表现出这种失望的情绪时，他对自己的价值、信心、能力的满意度，也会随之低落，因此就又陷入另一层恶性循环的自卑、焦虑、挫折的情绪中。所以，在训练孩子的纪律和责任感时，一定要理解孩子的心理发展进程，设定适当、合理、可以达成的要求，不要落入一成不变、矫枉过正的误区之中（有关每个年龄段孩子的发展进程和学习能力，请参阅本书小贴士中的介绍）。

2. 与孩子一起设定纪律

对纪律的设定，我们最好是和孩子共同讨论后再做出决定。

我曾经在前面提到过儿子10岁时就把他一个人送到英国念书，事实上，我们的"狠心"和放心，是有很大的心理把握的。因为他在10岁之前就已经表现出能够让我们放心的责任感和独立的能力，而这些能力是我从他上小学第一天，就开始精心设计培养的。

就拿他放学回家后，该在什么时候写作业这件事情来说，因为我们事前已讨论了这件事情并达成共识，所以在他一至五年级的小学生涯中，几乎从来没有因为这件事而让我们生过气。

我们的方法是这样的：首先，在和儿子平等、认真地讨论之后，我们"共同"签订了一个协议，协议里只约定了一件事：他每天晚上必须严格遵守9点洗澡，9点半准时上床熄灯睡觉的规定。至于放学后，除了一家人围桌吃晚饭的时间之外，从抵达家门或到我办公室的4点半开始，一直到9点洗澡之前，所有的时间都是他的，由他自己来规划安排。要写作业就写作业；要看电视就看电视；要玩就玩。反正，他只要严格遵守9点准时出现在浴室洗澡、9点半上床睡觉就行了。

由于这个协议是我们共同讨论之后一起签订的，所以儿子上学之后，即使第一年跟着奶奶住在乡下，在奶奶服务的学校念书，他也一样很好地遵守了这个约定。

看到这里，我相信一定有爸爸或妈妈已经按耐不住性子，急着说："那怎么成？不管他写作业，他哪会自己写作业啊？你这么给他自由，他写作业了吗？"

呵呵！一开始他确实一个作业都没写完，不过，这就是我要说的下一个原则：

2. 与孩子共同遵守纪律

一旦设定了纪律，大人和孩子，都要遵守。因为责任是他的，也是你的。

如果签了协议，但必须遵守纪律的只是孩子一个人，大人却随时可以改变，那下一次再签协议或设定纪律时，它的约束效力就不仅微弱，甚至还毫无意义了。

是的，年仅 7 岁的儿子一开始当然会有如脱缰野马，这是天性使然。小学一年级时，由于跟在奶奶身边，中午下了课就回到奶奶教务处办公室，老师分派的一点点作业当然马上就在奶奶的监督下写完了。但是，等他回到台北上小学二年级时，协议的考验才真正开始。

最初的两个星期，脱离了奶奶在一旁严格监督的他，进了我的办公室之后就开始东摸摸西看看，一会儿到走廊地上玩弹珠，一会儿又趴在玻璃窗前看车子，完全没有写作业的意思。（那时候的孩子还没有电脑、手机、游戏机这些诱人的东西！）我看了心里当然着急，但我决定不动声色。下班时间到了，他连书包都还没有打开过，可我还是笑眯眯地领他下楼，在路边谈谈笑笑、轻轻松松地等爸爸的车，回家吃饭，然后用只剩下一点点的时间写作业，洗澡的时间就到了！

如此这般将近三个星期之后，有一天他一进到我的办公室，稍微休息了几分钟之后，就立刻打开书包开始写作业。我有点欣喜和好奇，但尽量让语气云淡风轻地问他："怎么今天一回来就写作业啦？"他也用云淡风轻的语气回答我："唉！老是挨打也不是办法呀！"

从此之后，我就再也没有为他什么时候该写作业、作业写完了没有等这些事而操过心或和他不愉快过了。

3. 耐心坚持

尽管放手让孩子学习自律很难熬，但我们一定要硬着头皮撑过去。

看着孩子连续三个星期作业都没写完就上学去，对母亲来说，绝对是一件很煎熬的事。但我知道自己正在做的事对他终生都有益处，所以我坚持着、硬着头皮熬了过来。不止一次，当我在亲子教育的演讲场合中向妈妈们传授这个做法时，一定有妈妈问我："那他好几个星期落下了功课，以后怎么跟得上呢？"而我的回答却也一定是："几个星期不写作业，绝不至于造成成绩无法挽回的落后，但对他的一生来说，却是给予了他最重要的筹码，也就是让他拥有成为成功者的性格素质。"

当然，在进行这个训练之前，我一定是经过深思熟虑的。我先去拜访了他的班级导师，清楚地对老师说明了我的训练意图和做法，除了请老师理解家长的用心之外，也请老师该处罚的就要处罚，只是不要用言语或行为来羞辱他就行。通常，老师们一定都上过教育心理学课程，也一定都会理解和配合家长的用心的。

其实，老师并不是这个培训计划中最难过的一关，最难过的关卡，是家长本身。我们要控制自己的怒气和焦虑，不要冷言冷语、幸灾乐祸地问他："怎么样？今天没写作业挨老师罚了吧？！"或脾气焦躁地说他："你一点作业都没写，我看你明天该怎么办！"或干脆缴械投降地说："算了，算了，今天晚一点睡觉，赶快去把作业写完了吧！"

儿子通过了自我规范的培训课程之后，真的就不再让我操心他的功课了，我只要看见他出现在办公室走廊，往墙上丢用废纸揉成的球时，就知道他的作业已经完全写完了。此后，我们还签订了大大小小不同内容的合约，有的关于期末考试，有的关于春季旅游，而儿子、他爸爸和我，也都习惯了用这样的方法来学习尊重并信任对方。

儿子13岁去英国念书后的第三个暑假那年，他从英国回到北京，我去首都机场接他，一起坐机场巴士到我们位于天津开发区新建的工厂。由于早几年我们在台湾经商十分辛苦，一直到在天津建厂之后才渐渐地转亏为盈。作为母亲、也作为女人，于是我很八卦地对儿子说："我们在北京买了一个挺高档的公寓，在天津建了自己的工厂，在台湾也有自己的小别墅，这些以后都是你的啦！你是不是觉得做独生子很幸运啊？！"

让我万万没有想到的是，年仅13岁的他，居然看着我，用很沉稳的语气回答说："妈妈，你错了，这些不是幸运，是责任。"

我当时听了百感交集，激动得差点流下泪来。一方面我羞愧于自己还不如一个 13 岁孩子，如此肤浅；一方面也惊讶于他的成熟；更重要的是，我感动于他的负责、独立和人格的完整。自从那次之后，我和他爸爸就知道，我们再也不用担心他会做出任何出大格、犯大规的事来，让我们操心了！

4. 家长要以身作则

当然，我们不能只期待孩子遵守纪律和重视承诺，在日常生活中，我们必须以身作则，成为孩子的典范，也做个守纪律、重然诺、负责任的人。

因此，让我们认真想想，有没有随口答应了孩子某些事，事后却忘了去做？比如，答应要帮他修理小汽车？带他去动物园看猴子？给他买一盒新蜡笔？陪他到电影院去看电影？或者调整自己的作息，严格遵守让他上床睡觉的时间？

四、勇气与进取

我曾经在回答一位年轻女记者的提问时，把她给弄哭了。她的问题是："金老师，您对幸福的定义是什么？"我说："对我来说，幸福就是每天晚上能安然入睡，坦然而没有惧怕地睡着；每天早上，则愿意睁开眼睛，有勇气面对新的一天。"

是的，这是我对幸福的期许，它看似简单，其实却有些困难。而我之所以会这么回答，则是因为在工作中见到太多个案的情绪困扰根源于恐惧——恐惧自己不够优秀考不上大学，恐惧自己不够完美找不到爱情，恐惧自己不够能干无法驾驭事业，恐惧自己时间不够没有陪伴孩子……而这些恐惧，多半源自缺乏勇气，而缺乏勇气的原因，则是因为"相信自己不够好""相信自己一定会把事情弄砸""相信自己不会获得幸福""相信自己掌握不了爱情""相信自己不配拥有快乐"……

所以，因为害怕、因为缺乏面对真相（或自以为真相）的勇气，我们就干脆在真相还没有发生之前，就拒绝再往前走一步，因为"相信自己不够好，所以往前走了也是白费工夫，反而会因失望而让自己更难过，所以就别再伤害自己了"。于是，我们就不再努力尝试，不敢再继续往前，也不敢再希冀成功，我们就在原地打转，找一个最安全的姿势，好好地待着。

因此，如果我们能明白惧怕的心理动机对一个人的生活和成就会造成什么样的负面影响，就知道从小培养孩子的勇气是多么重要的事了。

当然，我所指的勇气，并不是去欺负别人的霸道，或没头没脑的莽撞。我所指的勇气，是指我们敢于去尝试错误，敢于去接受挑战，敢于去承担责任，敢于去表现自己，敢于去坦然接受幸福和他人的赞美，同时也敢于去面对失败的挫折……我常常想，如果一个孩子能在很小的时候就开始接受这样的训练，那么在他成长的过程中，不知道要少走多少的弯路和省去多少的煎熬和辛苦啊！

想想看，如果一个孩子拥有了智慧的勇气，考学时，只要专注自己是否尽了力，他就可以坦然接受高考的结果，在良好的心理素质下，不会在考前惊慌，上演让人扼腕的临场表现不佳的憾事；工作时，只要机会来临，他就能牢牢抓住，勇于承担，毫不迟疑地展现自己的能力，不会瞻前顾后而错失大好时机；恋爱时，只要爱了，就勇往直前，不会犹豫不决、患得患失，最后落得人去楼空，徒留遗憾。

除了这些人生大事之外，人的一生中，还不知道要面对多少大大小小的难关、困顿和选择。而这些遍布在人生旅途中的大大小小的石块，都需要有足够的智慧和勇气，懂得去绕过它，或跃过它。因此，我把"勇气和进取"放在培养孩子素质的重要位置上，就是希望我们宝贝的孩子，不要被尖锐粗大的石块所绊倒受伤，或站在足以跃过的石块前，犹豫不决，不敢跨步迈过。

我儿子小的时候是个小胖子，读小学时长得又高又壮，每次在学校门口看见他排班队，都能一眼看见他人高马大地站在队伍的最后面。由于他幼儿园的最后一年和小学一年级是在位于台湾中部乡下的奶奶学校里上的，所以二年级把他接回台北上小学时，我和他爸爸都有些忐忑，担心这个在乡下"放养"久了的、黝黑粗壮的土孩子，没办法适应台北这个繁华大城市里的学校氛围。

可是没有想到，他一插班进入班上其他同学已相处一年的班级后，立刻就被选上了班长。当他回家告诉我们这个消息时，一开始我以为是班级导师故意这么做来鼓励他的，可没想到他却说："今天早上开班会时，老师问全班同学有谁愿意当班长，我是第一个举手说要当的人，所以老师和同学就让我当啦！"自此之后，这个从乡下转学来的土孩子，三年级时，当了全校降旗典礼的司仪；四年级荣升仪队队长；五年级则代表学校竞选台北市小市长。

你问我，他失败过吗？当然！四年级时，他因为发号施令错误，让全班同学在竞赛中转错了方向；五年级竞选小市长败北。可是，遇到这些失败的打击时，他有一句对我来说至今都非常受用的话："又不会怎么样！"所以，他越挫越勇，越挫越能找到通往成功的方法和能力。

那么，我们要怎么培养孩子的勇气和进取心呢？

1. 给孩子练习的机会

下面这句话，是许多妈妈们的口头禅："小心，小心，我来！"出于保护的理由，或出于不信任的理由（或者是省事的理由？），我们常常在孩子试图挑战自己的能力之前，就扼阻了他尝试的机会，让他既来不及证明自己，又来不及学会该有的能力。因此，在说服自己的证据力不够充分的心理情境下，让他还没有开始，就已经落后了。

记得我第一次带儿子去欧洲时，他还不满4岁。为了训练他的独立和承担责任的勇气，我们给他准备了一个小的手拉行李箱，行李箱里装着除了衣物之外他自己的东西。我们要求他不管从酒店退房或从朋友家出发，都得由自己整理那个小箱子。如果整理时落下了什么东西，他就得自己负责，自己承受损失，而且明白我们不会再帮他补上。

在那一次将近三个星期的旅途中，第一个星期，他就丢掉了一盒蜡笔、一副蝙蝠侠戴的红色塑料框眼镜和一个周身漆着迷彩的小望远镜。虽然他哭丧着脸、哼哼唧唧的，但我们坚持遵守规则，没有再帮他补上。当他从这个教训中确认自己真的必须负责，并且要有勇气承担自己的错误时，从第二个星期开始，除了在阿姆斯特丹海港边大风吹落入海的一顶小草帽之外，就再也没有落下任何东西了。（由于小草帽落海是非战之罪，所以我们就立刻帮他再买了一顶！）

2. 帮助孩子学会拥有勇于进取的能力

敢于进取和承担责任的勇气，不是我们在嘴边说说就能获得的，它既包含了实际应付挑战的能力，例如智力、体力、技巧，也包含了处理挫折、面对失败的心智和情绪能力。因此，是需要父母和长辈有计划地来帮助孩子拥有这些能力的。

关于如何学习应付挑战的实际能力，以我个人对儿子的教养经验来说，我认为最好的方法之一是参与体育运动，例如踢球、游泳、打球等。通过体育运动，他能学习到肢体协调运作的技巧，感受力量和意志力如何更好地配合，学会冷静地观察和机敏地审时度势，还能从运动中感受压力和能量释放后的畅快。

所以，爸爸妈妈可以先带着孩子去认识和体会不同的体育项目，然后再依据他的喜好和能力，找到一个或几个可以持续投入的运动，让他在体能锻炼中学会获得勇气的实际技巧和方法。

至于处理和面对失败挫折的情绪能力（也就是很时髦的名词："情商"），则需要爸爸妈妈给予更多的引导和示范。可以分为几个步骤来做：

（1）承认失败或挫折。遭遇失败，人都会有不愉快的情绪。例如，妈妈上班时遇到了挫折，回家后孩子发现了，妈妈可以告诉孩子："对，我今天有点难过，因为……"我们不可以明明脸上带着不悦，嘴上却说："没有啊，我没有难过啊！乖，写作业去……"我们如果在孩子面前掩饰昭然若揭的情绪，会带给孩子一个错觉："受伤或挫折时，有情绪是不对的。"如果他也学会了压抑情绪或漠视情绪，那么不仅会把压抑的情绪内化为攻击器官的负能量，同时也失去了向我们学习处理情绪的契机。

（2）示范健康的情绪发泄方式。孩子问："妈妈，你今天不高兴吗？"妈妈说："对，我今天有点难过，因为……所以我想请你帮个忙，妈妈想先去洗个澡，然后安静地休息一会儿，等我觉得休息好了之后，我的心情就会好很多了！"这个方法对我和我儿子来说，屡屡奏效。只要我这么告诉他（或其他的健康解决方式），他一定会很乖、很听话地配合，并且还深以帮助妈妈解决了难过为荣。而且当他不高兴时，他也会依样画葫芦地说："我今天有点生同学的气，我想吃个冰激凌消消气，吃完以后我就会舒服多了。"

（3）解释造成难过情绪的原因。有一次我和先生冷战了整整两天，彼此都不和对方说话。儿子发现了气氛的异样，问我："妈妈，你和爸爸吵架啦？"我说："对，我在生他的气！"（请注意，你不能说："没有，大人的事小孩别管！"）儿子问为什么，我说："因为他前天晚上喝了太多的酒，又抽了烟，所以我很生气，因为我担心他的身体，不愿意看见他生病，所以才不高兴。但是我们没有不爱对方，我们只是因为对方做的事而不高兴。"

我之所以那么不厌其烦地解释生气的理由，是因为孩子需要知道真相，才会因理解而不感到害怕。很多时候，孩子的没有自信和没有勇气，是因为他们有罪恶感，他们很容易误以为"因为我不乖，所以爸妈吵架""因为我太笨，所以老师不喜欢我"……这种在儿童心理学家口中所谓的"原始情绪"，如果没有得到正确的疏解，就会成为他日后评价自我价值的一把量尺，会成为"觉得自己不值得拥有和不值得被爱"的根源。

此外，解释情绪的原因还有其他的好处：他能明白有些情绪是一定会发生的，因此不需要刻意去避免；他能理解别人不好的情绪，和爱、和自我的价值是两回事，因此不会因此而害怕和受伤；他能渐渐地把情绪和事实逐渐脱钩，因此不会因为情绪一直存在而走不出来；最重要的是，他能因为懂得情绪的本质，而不会被虚幻的情绪驾驭或蒙蔽了双眼，因此看得见前进的方向。

3. 告诉孩子：允许挫败

我们要教导孩子一件最重要的事——人生，是允许有许多次失败的。

社会学家最担忧中国"80 后"独生子女的情商能力，很害怕他们因为不能承受失败、挫折而选择不战而降。他们的担忧当然不无道理。现在大多数的孩子一直到上小学之前几乎都没有经过竞争的压力。他们不需要在爸爸妈妈面前装得乖巧和兄弟姐妹争宠，不需要看谁比较眼明手快能先抢到鸡腿，不需要施展技巧好在晚饭后规避洗碗的责任，也不需要懂得谦让而不把面包全部吃完……基本上，他们没有竞争的需要，因此也就缺乏了承受竞争后果的能力。

此外，目前学校教育的主流思想，是在教导孩子们拥有如何往前冲、向上攀登的能力，而不太重视也不太强调万一没有冲上去或半途滑下来之后该怎么办。因此，孩子们在隐隐约约感觉到自己可能不太具有继续往前冲的实力，或觉察到自己有滑下来的危险时，因为还没有学会应付失败的能力，所以有的就干脆留在原地、拒绝继续尝试，有的因此看轻自己、不再具有斗志，有的则吃不到葡萄说葡萄酸走偏了道。

我自己教导儿子的方法是，告诉他我和他爸爸在成长过程中曾经的挫败，以及我们如何从挫败中再坚强站起来的故事。例如，我极其晦涩颓废的高中生涯，以至于最后考大学失利，没有进入应该要进入的好学校，但是却在大学毕业之后凭实力考上了人人称羡的公务员职位。另外，我也会刻意地选择一些有这些从失败中站起来经验的伟人传记，和他一起读、一起讨论，帮助他认识偶然的失败并不可怕。

除了效法别人的经验之外，孩子自己也需要实际的体验。很多家长在孩子参加竞赛时表现得比孩子还要紧张，嘴里虽然说："没关系、没关系"，可神情和态度却明示着："有关系、有关系"，甚至还不自觉地加入赛局，表现出非赢不可的气势。

记得在辅导初、高中学生的心理健康问题时，有个已经上初三但个头还十分瘦小的男孩告诉我，他之所以有严重失眠困扰，原因是晚上不太敢闭上眼睛。他说只要闭上眼睛，他就能听见爸爸在操场边狂吼的声音。而这狂吼声最厉害的一次，是发生在小学六年级时的校庆运动会上，当时他被老师选派参加1000米接力赛，负责跑第三棒。

当接力棒传到他手上时班级的成绩很好，是赛道上八个班级中的第二名，可是他太紧张了，没接稳接力棒，把棒子掉到了地上。当时他只听见场边一片尖叫声、叹息声，其中，爸爸的声音最大，狂吼着："快捡起来啊、快捡起来啊，你这个笨蛋！"后来他是怎么把接力棒捡起来的已经不记得了，只记得一面跑、一面哭的时候，风从耳边呼啸而过的声音……

4. 无条件地爱与支持

我们对孩子的责任，除了教养之外，更重要的是给他们提供无条件的爱与支持。

孩子的成长过程中一定会有失败的时候，如果我们能在他失败时伸出援手，对他来说，所得到的温暖和爱，远远要比在成功时的鼓掌，来得更强大。

如果这位孩子的父亲当时这么表现：

当孩子垂头丧气地走回运动场边时，爸爸迎上前去，把强壮的手臂环绕在孩子的肩上，对他说："我知道你很难过，也一定觉得很丢脸、很对不起同学。没关系，我们先到旁边休息一会儿，等你平静下来以后，我再陪你一起过去。"

在这段爸爸陪伴他、支持着他让心情安静下来的时间里，如果孩子想说话，我们就顺着说话；如果孩子还太难过不想说话，我们也不要急着对他说什么失败是成功之母这一类勉励的（废）话。我们只要在一旁静静地陪伴，让他感受到强大的支持与爱，等时候到了，他自己一定会开口和我们说话，到那时，我们再说这些激励的话还来得及，并且他也就完全可以听得进去了。

五、诚实和正直

我小时候唯一的一次罚跪，是爸爸发现自己口袋里的零钱不见了。当时他遍寻不着，问我们兄妹四人又都不承认，所以大怒之下，让我们全都跪在客厅的地板上，等有人承认了再站起来。后来过了不知道多久，爸爸在客厅长条地板的夹缝中发现了那些零钱，原来是他在挂长裤时不小心，钱从口袋里掉了出来。爸爸为了弥补他的错误和表示道歉，当天晚上，他和妈妈带我们到平日难得光顾的冰激凌店吃雪糕圣代，那情景我至今仍记忆如昨天。

长大以后，我问了很多朋友，小时候是否有偷爸爸妈妈零钱的经验。我先生说，他曾经因为偷竹筒扑满里的铜板被发现，被我婆婆用棍子狠狠地抽了一次。在那个物资匮乏的年代，几乎所有的小孩都有过"偷钱"的经验，我自己也不例外。印象最深刻的是和哥哥一起"作案"，他负责用发卡掏扑满里的铜板，我则负责在门口把风，随时示警通风报信。

虽然儿子生长的年代物质条件和我们那时已完全不同，但由于我的疏忽，还是让他有了"偷钱"的需要。

儿子从乡下奶奶家回到台北念书之后，奶奶几乎每隔一两周就会到台北来小住两天，带着他到处吃喝游玩。为了方便，我帮奶奶准备了一个小钱包，钱包里放了一张1000元台币钞票，奶奶回彰化时会把钱包和零钱留在书房的小抽屉里，下次来时，我再把整钞补上。这个方法我们进行了好久，一直都没有出现任何问题。

一直到有一天，先生洗车时，在车子后座的口袋深处发现了这个小钱包。他悄悄问我是不是挪动了钱包的位置，在得到了否定的答案之后，我们就知道肯定是儿子动了手脚。我们决定先不动声色，等到晚上再由我来和他谈谈。

晚上睡觉前，我们一起躺在床上，我若无其事地说："好奇怪哦，爸爸今天洗车时，发现奶奶的那个小钱包在车子里，不知道是谁放的？！"

在黑夜里我看不见儿子脸上的表情，只听见他用尚称得上平静的声音说："真的吗？我也不知道耶！"

我们于是就没有再继续讨论这件事，各自睡去。

第二天晚上睡觉前，我们躺在床上时我又搬出了这个话题："有件事真奇怪，我今天和爸爸想了半天，谁都没有把那个小钱包放在车上啊？！真是太奇怪了！"

儿子这时忽地翻身坐起，看着我说："妈妈，其实那个钱包是我拿的啦！"

我也坐起来问他："哦！原来是你拿的啊！为什么你要拿呢？"

"因为我同学都有零用钱，都可以去福利社买饮料喝，我也很想喝，但是我没有钱。妈妈，你不知道，下课的时候真的会口渴耶！"于是，他就非常诚恳但口气略带夸张、连说带比画地把如何想到小钱包、如何拿到小钱包、如何藏起来、如何湮灭证据、又如何藏了又忘了放在哪里的过程，一一详细地描述给我听。说完之后，他还叹了一口气总结说："我觉得还是要当个诚实的孩子比较好，要不然，实在是太累了！"

他"自首"并说完这句话之后，我没有再说什么，只是拍拍他，就各自睡觉了。

第二天我向先生转述了这段过程之后，我们首先深刻地感受到了自己的疏忽。对一个小学四年级的孩子来说，本来就应该拥有属于自己的零用钱，让他既能够学会支配运用金钱，又能满足他对购买零食的需要。他的这次偷钱，实际上是由于我们的疏忽所造成的。

于是我先生就到商场去买了一个皮夹，在皮夹里装了500块钱的钞票，并通知了老师孩子不坐校车，他自己在学校门口等儿子放学。儿子从学校出来看见他爸爸的车等在学校门口，心里不无忐忑。（先生说他的脸都紧张得有点发白了！）上车之后，他爸爸把车开到学校旁的小公园，车停好后，把小皮夹交给儿子，对他说：

"妈妈告诉我小钱包的事了。这件事我们也有错，我们忘了你应该要有零用钱，所以我去买了个皮夹，里面放了500块钱，以后这个皮夹就是你的了，每个月我们也会给你500块零用钱。不过，我想你应该知道，即使这样，偷钱也是不对的吧？！你如果需要钱，是可以告诉我们的。"儿子大喜过望，接过皮夹之后，立刻卖乖地对爸爸说："我知道，我以后真的不会再偷钱了。

我知道错了!"

于是儿子的这出"偷钱记"圆满落幕,而他自此以后就真的再也没有犯过类似的错误了。而且至今仍让我们最骄傲的是,不管事实的真相是否会让我们不开心,他都会诚实以告,不会隐瞒我们什么。

我把诚实与正直放在这个章节中以这么多的篇幅来讨论它的原因,除了我们都知道它会给孩子的未来带来诸多的好处之外,很重要的一点是,当孩子正在社会化、正在探索自我的成长过程中,如果孩子是诚实的,愿意把真实的情况和心情告诉我们,就能让我们有机会领着他往前走,在面对岔路时可以选择更稳妥的路径,而不是自己蒙着头孤独地往前冲,或跟着年龄相仿同样也对世事一知半解的同学,走太多的弯路而使自己伤痕累累。

那么,怎么做才能让孩子诚实和正直呢?

1. 了解孩子纤细敏锐的心灵

首先,我们必须知道,孩子对诚实和公正的感觉是很敏锐的。

"奶奶比较疼爱谁?""数学老师比较喜欢谁?""语文老师最讨厌谁?"……这些问题,对每个孩子来说,都能很快地就给出答案。在他们小小的心里,有一把极其敏锐的量尺,能从大人的言谈举止中,衡量出大人的偏爱和喜恶。例如,谁得到的巧克力比较大一点,谁被老师叫起来回答问题的次数比较多,老师看谁的时候眼光比较冷峻等,而且很多时候,是在我们自己都不自觉的情况下,孩子已然觉察到了这个倾斜,并且因此而受到了或多或少的伤害。

当然,我们在分配有形的物质时,可以因为留心而尽量做到公正,但出于人性的本然或出于现实的需要,我们不可能、也控制不住自己心中对某个人感情的倾斜。因此,解决这个问题的方法只有是,我们也做个诚实的人,并且对孩子解释这倾斜的原因。

例如,孩子从奶奶家回来不开心地告状说:"奶奶最偏心了,每次都让哥哥先选玩具,我下次不去奶奶家了,反正她也不喜欢我!"

我们如果回答:"怎么会呢?你和哥哥都是奶奶的孙子,都是宝贝,奶奶怎么会偏心呢!不会的,你别多心！"

这时，孩子心里就会觉得：你们都不了解我，都不知道我心里的委屈，那我以后就不跟你说了，反正我知道奶奶不喜欢我！

我们如果换个方式回答："哦，你觉得奶奶比较疼哥哥啊？！我知道你为什么会有这种感觉，我也知道为什么奶奶看起来好像比较宝贝哥哥，因为哥哥从一生下来就住在奶奶家，而且他那个时候好小、好小……"然后，说完了哥哥小时候的情况之后，你再更详细、更带着温情地描述他小时候和奶奶之间的许多温馨故事，让他知道或许奶奶是出于某些理由，确实需要比较关照哥哥，但奶奶对哥哥的疼爱是绝对无损于奶奶对他的爱的。

我们一定要记得，孩子虽然年纪小，但心灵的敏锐程度却因为单纯而更加纤细，因此不由得我们敷衍糊弄。如果我们能正视他的感受，接纳因这些感受而引发的情绪，诚实地承认事实，中肯地解释原因，最后帮助他看清自己的位置，并找到好的对应的方法，就不仅能帮助他释放掉委屈、不快的情绪，还能带着他学会日后再遇到类似情况时，如何去理解并处理它。

我再举一个处理的例子：

孩子在晚饭餐桌上说："我们班同学都说数学老师最喜欢王小美了，每次都故意问她简单的问题，答错了，老师也是笑眯眯的。哪像我们那么惨，动不动就挨罚！"

这时我们可以说："哦，是吗？老师这么喜欢王小美啊？！为什么呢？"

孩子也许说："她是马屁精啊！她最会拍老师的马屁了！"

"呵呵！原来是这样啊！那你自己有没有像数学老师这样比较喜欢谁呢？"

接下来，你就可以很开放地和他讨论他为什么会比较喜欢某个人，而又比较不喜欢另外的人。然后从这个讨论中，让他明白现实生活中，人是会因为某些原因而有爱憎喜恶的，因为就连他自己也是一样的啊！

（补充一下。你千万不要说："哦！就知道说人家王小美会拍老师马屁，你自己怎么不想想老师为什么不喜欢你，你的缺点呢？"我保证，这话说完之后，你下次连教训他的机会都没有了！）

2. 了解孩子说谎的动因

我们在教育孩子时除了自己以身作则之外，还要知道"孩子为什么要说谎"。

我在辅导有反社会行为的孩子时，最喜欢告诉孩子的家长这句话："孩子的任何一个反社会行为背后，都有一个求救的动机或原因。"

就像是婴儿哭闹，是因为肚子饿了、尿布湿了或在寻求爸爸妈妈的注意。我们那个年代的孩子大概都有一个共同的记忆，就是我们会用感冒发烧，来"换得"面包、苹果等这些平常难得吃到的美味的待遇，更别说还可以换到一天不上学、在家休息的特权。所以我记得小时候，总喜欢在下雨天偷偷溜出门，故意淋雨、踩水，尽一切可能把自己弄出感冒发烧来。

根据统计，一般来说，孩子说谎最常见的理由是：第一是害怕受罚；第二是觉得做错事了丢脸；第三是仗义，袒护朋友。他们说谎，并不因为是绝对的劣根性，也不是不可救药的坏孩子。他们说谎，只是因为不知道还有什么办法能解决眼前的困境，和找到脱离困境的方法。

所以遇到孩子说谎不诚实时，我们先别急着动怒或骤下定论，要先缓下怒火，听听他怎么说，给他为自己申辩的机会。与此同时，如果他的申辩确实情有可原，我们也要有勇气承认自己在这件事上该承担的疏失，就像我和先生承认自己没有给儿子零用钱一样。

此外，如果孩子是用谎言来掩盖自己犯下的错误，当他承认了这个错误时，我们一定要给他改过自新的机会，接纳人都会有犯错的时候，在孩子还小，所犯的错误还不至于大到灭顶时，即时导正。要不然，一旦孩子养成用一个谎言来掩盖另一个谎言的习惯时，整天把注意力放在隐藏真相上，自然就不能专心地学习。而且我最不愿意看到的后果是，他因此会活在不踏实的、焦虑的、害怕总有一天会被揭穿真相的持续的恐惧中，这对孩子身心的伤害是不可小觑的。

3. 明示孩子不诚实的严重后果

我们在接纳了孩子的错误后，要告诉他不诚实会带来的后果。坦率地说，不仅仅是孩子或青少年，很多大人可能都不知道因为不诚实而会带来什么后果。

就拿我儿子偷拿小钱包的事件来说，在他比手画脚地详述拿了小钱包的那个星期的生活中，他说，有一天晚上爸爸到他书房的书桌抽屉里找文具，当时他正好把小钱包藏在那个抽屉的最里面，当爸爸打开抽屉时，坐在书桌前的他，紧张得心都快要跳出来了。还好爸爸一打开抽屉就看见了要找的文具，所以拿走了文具就把抽屉关上了。

　　还有另一次惊险的瞬间。那天晚上到家时，一下车妈妈就让他把车上的垃圾拿去丢到大约 50 米外的社区垃圾桶里，可是那时小钱包就装在他的短裤口袋里，钱包里还放了许多铜板，为了怕小跑时铜板发出叮叮咚咚的声响，于是他像太空人漫步月球那样，一面用手在口袋里握住小钱包，一面看起来大步，但却把腿抬高、很轻很轻地跑步，这才没被发现，才解除了危机。

　　当儿子站在床边比手画脚地表演他跑步的姿势给我看完之后，满足地躺回床上，并语意深长地叹口气说："唉！妈妈你不知道，说谎实在是太辛苦了，还是当一个诚实的孩子比较好！"

　　这就是我们要引导孩子自己得出的结论，不诚信正直，不仅仅得不到别人的尊敬、信任、托付，影响和他人的人际关系，以及为自己的成就带来无法预测的覆灭的危险之外，最重要的是，你自己也会生活得很不开心、很有压力、很紧张，因此会有精神和情绪的问题，再也无法气定神闲地应付生活中其他的事了。

那么我是怎么引导儿子得出这个结论的呢？很简单，我只是在事过境迁之后，很诚恳地问他："儿子，我一直很好奇，你那几天怎么能把小钱包藏得那么好，没被我们发现的呢？你那个时候紧不紧张呀？"儿子于是就中了计，详详细细地把来龙去脉给我演示了一番，并且从这个过程中得出的结论。

4.引导孩子获得诚实正直的勇气和方法

遇到困顿或错误，别说是只有几岁大、心智还不成熟的孩子无法坦然应付，其实就连已经长大成熟的我们，有时也不免对真相觉得尴尬棘手，需要用谎言来粉饰。但是对需要我们伸出引导的援手的孩子来说，我们不能只负责教训他"怎么做是错的"，还要负责告诉他、带领他"如何做才是对的"，所以这门功课也是爸爸妈妈必修的课程之一。

从我个人多年的心理辅导经验和养育儿子的亲身体验中，我得到一个结论，那就是在学习"如何做才是对的"时，千万不要低估孩子自身的判断能力和思维能力。

遇到难解的生活课题时，我们虽然身为年龄长孩子许多、知识也懂得更多的成人，但我们不是什么都会的完人，如果真有我们也不能完全掌握和驾驭的难题时，我们不要在孩子面前硬是装出"没事、没事、一切尽在掌控中"的样子，如果事情顺利解决了，那倒还好，可是如果事情继续恶化，孩子就会从我们身上看到我们实际并不符合他想象那般强大的脆弱和不敢面对现实的软弱。

所以，不要害怕在孩子面前诚实地承认自己的不足或脆弱，如果合适，我们甚至可以把难题拿出来和孩子一起讨论、分析并研究解决之道，试着找出一个可以接受的方法。这是让孩子从我们的言行中学会诚实、勇敢地面对真实自己的窍门，也是我们能示范给孩子很有价值的身教之一。

我在许多场合中都提到过我和先生初创业时所遇到

的困顿。那时儿子刚上小学，第一年，他住在奶奶家，我们只在周末时回去看他，所以他对家里的情况并不了解。可是小学二年级他回到台北上学以后，虽然我们尽量不把生意上的困难带回家里，可是聪明的他仍然可以嗅出有时家里气氛的异样。

那个时候，只要他问我："妈妈，你们公司又有困难了吗？"我和他爸爸都会诚实地回答："对，这几天比较辛苦。不过你不用担心，我们会努力地把事情解决好，而且就算是解决不了，我们也还有其他的备案。"有的时候，面对是否要继续维系一个让我们心里非常辛苦的顾客时，我们甚至还会在周末的晚上开个家庭会议来讨论这件事。我和先生彼此陈述自己的看法，儿子则在一边旁听，最后再给我们一些他的意见。

我们知道他的意见大部分都还显稚嫩，并不可取，但我们愿意让他感觉自己是家庭中有价值的一员，而且很重要的是，他知道父母正经历的辛苦，以及看见我们是如何诚实地去面对它，并勤恳地去解决它。如今，儿子以仅仅 25 岁的年纪，就开了两家目前看起来可能还颇有前景的公司，我相信这和他从小看到了父母如何诚

恳地去面对和解决困难，因而学会了经营之道，也学会
了不惧怕的原因。

　　因此，我们能帮助孩子拥有诚实正直的勇气和拥有
其他素质的勇气一样，就是认知自己当下的情绪，承认
自己的极限，勇敢地正视自己的需要，冷静地寻求解决
方法，再跃起奋力一搏。

TIPS 小贴士

儿童身心发展进程

阶段	年龄	动作与生理	认知与行为	语言与思考	社会行为与个性
婴儿期	1个月	• 不规则地活动 • 头能转向侧面	• 对大的声音有反应 • 会注视光源	• 能哭叫 • 开始咿呀发声	• 对陌生人无特殊反应 • 已经开始表现出不同的气质
	2个月	• 能短暂地抬头	• 视线能追随移动的物体	• 能发出和谐的声调	• 对逗弄有所反应
	4个月	• 能翻身 • 能保持头的平衡	• 能熟练地追着看移动的物体 • 能用手抓东西	• 能大笑 • 开始喃喃学语	• 可被逗笑 • 对陌生人表现出不安反应

阶段	年龄	动作与生理	认知与行为	语言与思考	社会行为与个性
婴儿期	6个月	• 能独自靠着东西坐着 • 能扶着走1~2步	• 能用单手抓东西	• 能模仿单调的声音 • 能发出无意识的"妈妈"声	• 能记得熟人的面孔 • 能与熟人嬉戏
	12个月	• 能独自站着 • 能扶着几步	• 能乱画线条 • 能堆叠两块积木	• 学讲单词 会学狗叫声	• 能自己学用汤匙吃饭 • 对人开始有喜、憎的情绪反应
幼儿期	2岁	• 能跑,能踢东西 • 能慢慢独自上下楼梯	• 能画直线和圆圈 • 能堆叠四块积木	• 能说单句 • 能说桌子、椅子	• 自己能穿衣服、控制大小便 • 知道自己的名字
	3岁	• 能骑三轮车	• 能画十字 • 能辩认几种颜色	• 能背诵短歌词	• 能自己进食 • 能和别人进行平行性的游戏活动
儿童期	4岁	• 能轻快地下楼梯	• 能计数至3 • 能画三角形	• 能正确使用"上"、"在"等介词	• 自己洗脸刷牙 • 开始表现出自己的喜好和个性

阶段	年龄	动作与生理	认知与行为	语言与思考	社会行为与个性
儿童期	5岁	• 能用单脚跳	• 能计数至10 • 能画星形 * 进入"前运算阶段",也就是能模仿曾经看过的动作。这时的智力活动仅处于具有信号功能的表象水平,还没有发展出可逆的运算能力	• 能唱短歌	• 可参与比赛性的游戏
学龄期	6~7岁	• 能做比较细致的手工	• 能找出物体之间的异同 • 能书写单字、单句 * 进入"具体运算阶段"。主要特征和成就:理解质量、长度、重量、体积,具有可逆性的运算能力、去自我中心化和获取他人角色的能力。能分类和排序、发展出能够进行具体运算的逻辑思维	• 开始靠自己的直接观察辨别是非	• 可上学念书、静坐听课 • 能遵守规则

阶段	年龄	动作与生理	认知与行为	语言与思考	社会行为与个性
学龄期	8~11岁	• 动作灵巧 • 身体快速发育成长	• 可学习并理解具体的概念 • 模仿力强 * 进入"具体运算阶段"。内容同上	• 懂得举例说明事情 • 记忆力好	• 与同性朋友要好 • 淡视异性朋友
少年期	12~14岁	• 青春期开始 • 出现第二性征	• 可学习并了解抽象概念 * 进入"形式运算阶段"。这个阶段是达到成人思维水平的准备阶段，思维活动已超出具体的、可感知的事物，能凭借演绎推理、规律的归纳和因素的分解，来解决抽象的问题	• 懂得假设推理	• 渐渐开始对异性朋友感兴趣 • 与父母疏远，亲近同龄团休

附注：上表列举的只是发展心理学家对儿童发展进程的概括性描述，个别儿童还是会因为遗传、先天气质、生长环境、外界刺激等，

而有不同的发展速度，我们必须理解并尊重这一点，不能毫无弹性地依此对照来判定孩子是否发展迟缓，或设定没有弹性的发展要求。

第七章
家有二宝

大约三十年前，在一个洒满春日暖阳的周末的午后，我坐在沙发上，悠闲地拥着6岁的儿子一起读故事书。读罢，我想起要给大学同学打个电话咨询点事，电话接通后，我随口问，你在做什么？没想到电话那头传来她又焦躁又疲惫不堪的声音：我正准备跳楼！

原来，她在5年内生了两个男孩，据她说，这对年龄相差3岁的弟兄俩，每天一睁开眼睛就开始各种吵架打闹，一会儿为了抢玩具拼得你死我活，一会儿为了谁先上洗手间在客厅里奔跑扭打，已请了3年留职停薪假在家照顾儿子的她，在耳边不断传来的"妈妈！妈妈！哥哥打我！""妈妈！妈妈！弟弟捣乱破坏我的东西！"声中，一开始还能耐着性子好言相劝，最后干脆变成声嘶力竭的大吼大叫。

同学说：你说好不好笑，我们是受过专业训练的儿童心理和行为治疗师，怎么不知不觉中自己也变成那个不会情绪管理的反面教材了？我先生昨天晚上还很可恶地跟我说，你要不要去看看心理医生啊！

当然，同学也承认，她之所以没有故意把两个儿子丢失在百货公司里的原因是，当他们哥俩安安静静、相亲相爱的时候，就真的像小天使一样，非常可爱，让她觉得自己是超级幸福的妈妈！

我是家里最小的孩子，上面还有两个姐姐一个哥哥。我曾经问我妈妈，生了4个孩子，年龄又这么接近，您每天是不是被我们闹得要发疯了？我妈妈说，不会啊！最多也就是你哥和你闹一会儿，但一下子就好了！（我哥排行老三，只比我大一岁。）但我自己对童年最清楚的一个记忆是，有一次我哥嘴里故意发出我最讨厌的嗯嗯声，我气得用衣架丢他，结果准头太差，把茶几上的玻璃凉水瓶给砸碎了！

我试着去想妈妈当时有没有骂我或打我，但实在是想不起来被处罚的过程，或许是向来好脾气的妈妈只是象征性地惩戒了一下，所以没有给我留下任何印象，反倒是砸碎水瓶的惊吓，让我铭记至今。

我在想，在我的孩提年代，左右邻居家里的标配都是生4个孩子，但那个年代为什么没听见妈妈们"跳楼"或疲惫、烦躁地抱怨孩子们的纷争？我想究其原因不外乎：

其一，4个孩子形同一个小团体，任何团体成员间向来会有合纵连横的自我平衡之道；

其二，六七十年前的主妇们但求用有限的用度创造出无限的东西，因此没有闲工夫去理会孩子们的打闹，孩子们也就在没有"观众"助兴的情况下，打着打着就意兴阑珊了；

其三，六七十年前孩子接触到的东西和现在大不相同，没有电子产品的声光刺激，他们的性格会安静许多，再加上人手一个自己缝制的小沙包就能玩出很多花样，因此不需要去羡慕或抢别的孩子的东西。

当然，人类社会毕竟是不断往前迈进的，我们也不可能一直停留在物质供应相对单调匮乏的过去，但生活水平早已大幅改善的今天，家有二宝所衍生出来的种种问题，确实是父母们必须严肃面对的事实，因为如果处理不当，不但会给家长带来身心的疲惫和夫妻之间的矛盾，也会埋下影响孩子日后身心健康的种子。

一、我是大宝

不管大宝妈妈的生育计划如何安排，大宝再怎么样都有至少一年的时间独享爸爸妈妈的全心关注和宠爱。这对百分百需要仰赖养育者才得以存活的婴儿来说，是非常重要的身心健康基石。在这个阶段，他所接受到的爱抚、亲吻、拥抱、温暖呵护，也是建构日后安全感和情绪稳定的基础。我相信，这个部分新手爸爸妈妈们一定都能做得非常好。

但是，当"宝宝"荣升为"大宝"之后，情况就有了变化。小小的他（如果我们假设大宝和二宝的年龄差距在5~6岁以内，而这也是最常见的年龄差距）突然发现，一夜之间自己所熟悉的生活氛围变得不一样了，家里突然出现了一个红扑扑又软绵绵的小东西，而且这个看起来有点奇怪的小东西，居然得到了原本只属于他的关注和拥抱，这对还不完全懂事的大宝来说，其冲击的力度可想而知。

大宝认为：

● 在非出于本人意愿和自由行使宪法所赋予我的否决权的情况下，我"被升格"为哥哥或姐姐，而且更过分的是，我还要为这个非自愿的决定买单——不但要贡献出我所有的玩具和分享爸爸妈妈、爷爷奶奶、姥爷姥姥的宠爱，还要莫名其妙地被爸爸妈妈骂。

● 我还太小，我根本就不理解"哥哥姐姐"这个身份的意思。尽管爸爸妈妈看了各路专家所写的亲子教育书之后，很慎重地和我开了一个家庭会议，告诉我家里即将有个小弟弟或小妹妹的"好消息"，我当时急着去玩我的乐高玩具，所以就应付应付他们点点头，再附和几句话让妈妈高兴一下。但是我完全不理解"哥哥姐姐"是什么意思，也不明白为什么我的年龄比他大，就要什么都让着他！拜托！我自己也还是个需要别人让着我的小小孩呢！

● 自从有了弟弟妹妹之后，我觉得爸爸妈妈不再像以前一样那么爱我了，我好害怕。以前只要我爬到妈妈身上，妈妈就一定会抱抱我、亲亲我。可是现在，妈妈会说小心点，别压到弟弟妹妹了！走开走开，你先去玩，等妈妈喂完奶再抱你。以前睡觉前，妈妈会躺在我身边，搂着我讲故事唱儿歌，现在妈妈却只抱着弟弟妹妹，让我自己躺在那里听儿歌。我不知道是不是我做错了什么，或是他们更爱、更喜欢弟弟妹妹。

● 发生在我身上的事真的是太不公平了！每次我和弟弟妹妹争东西，大人都会说：你是哥哥姐姐，要让着弟弟妹妹。什么他比你小呀！你要保护他呀！妈妈已经很累了，你要乖呀！要懂事呀！但是他们不明白事情的真相，只有我和弟弟妹妹在一起的时候，他才会露出真面目，他是那个最会装、最奸诈的人，只是爸爸妈妈都被他骗了！我觉得自己总是被冤枉，真的是很生气，很不公平！

● 大人为什么都那么爱比较？我又不是他，有什么好比的！每次我做什么，大人都会说：能不能学学你弟弟妹妹，你看妹妹多安静，你看弟弟多愿意帮妈妈的忙，奇怪了！我干嘛要学他，我每天被你们安排要学那么多的东西，我自己都快烦死了，你们还这么爱比较！你知道我的期末考要考多少科、妹妹才考几科吗？！如果你们一直觉得我不如弟弟妹妹，那干嘛当初要生我呢！

于是大宝做了几个决定：

（1）退行性行为的发生。原因有二：其一是，误以为爸爸妈妈之所以不再爱我，是因为我已经"长大了"，已经会太多东西了，所以如果我像弟弟妹妹一样什么都不会，他们就必须来照顾我。这是还没有完全发育成熟的幼儿的自我解读，是他真实的情绪和对事情的理解，他突然要用奶瓶喝奶，突然尿床，突然白天也需要包尿片……都可能是因为出于这种理解，但大人们却往往以为他是"故意"捣蛋，"故意"找麻烦，有些大人甚至会用"太坏了"来形容这些退行性行为而给予惩罚。

其二更让人心疼。有些孩子的退行性行为来自担心自己会被抛弃的恐惧。他们误以为自己做错了事，误以为自己不够好，所以爸爸妈妈不再爱他。如果再加上大人用了不当的恐吓字眼，例如：你再这样妈妈就不要你了！你再这样爸爸就不喜欢你了！让理性思维还没有发育成熟的孩子误以为真，于是被不安全的恐惧所绑架，让他开始退缩回到婴儿甚至最安全的胚胎状态。

（2）攻击性行为。觉得被不公平地对待，觉得自己总是被冤枉，觉得自卑不如人，这些都会引起愤怒和挫折的情绪。只是对一个情绪管理能力还没有建立起来的孩子来说，他不懂得该怎么用语言和理性的方式去表达这些情绪，于是只好用他唯一会的哭闹或突然爆发的暴力行为来表达和宣泄，但是往往这些时候爸爸妈妈会因为生气或烦躁而责骂他。如此一来，周而复始，逐渐叠加起来的愤怒、挫折，以及不理性的泄愤行为就自然而然地被建立和固化了。

还有另外一点，爸爸妈妈必须理解的是，由于幼儿的肌肉和神经自控能力还没有完全发展成熟，很多时候，他脑子里想的是轻轻地一拍，可一旦出手，实践出来的却是用力的一巴掌。这个结果不但吓了自己一大跳，也会为自己招致很受委屈的责骂。

（3）自暴自弃。自暴自弃是比较少见的极端例子，但在临床上仍然具有意义，所以我还是拿出来提供给家长们作参考。

自暴自弃背后的心理动因有两种。一种源自因"被背叛"而引起的愤怒和恐惧。曾经是爸爸妈妈唯一的心肝宝贝的自己，在突然多了一个弟弟妹妹之后，自以为失去了原有的独享宠爱的地位，也失去了他曾经对父母的全然信任。这种被背叛的痛楚和苦涩，对小小的他来说，是心灵上不可承受的沉重。所以，他会放弃继续再去相信的动机，而不再相信的不仅仅是对父母的信任，也包含了对和自己有关的一切事物的信任。所以在临床上，我们会从报道中看到几个不多见，但是却很极端的自残的例子，就是出于这样的心理动因。

第二种自暴自弃的心理动因，源自低落的自我价值。如果一个孩子，不管是大宝或二宝，常年处于手足之间被比较时弱势的一方，那么在低落的自信自尊和撕不掉的标签的阴影下，自然就会失去了继续努力的动力。

我曾经帮助过一对年龄相差两岁的姐妹。妹妹聪慧过人又好胜，学什么都学得好，也学得快，再加上专注力强，可以自己一个人安静地坐在角落看书、画画或练琴。姐姐虽然不如妹妹如此出类拔萃，但也绝对不是心智鲁钝的孩子，她善良懂事，很有艺术天分，成绩虽然也很好，但明显地不如妹妹学习时那么专注。

这本来是两个与生俱来就不相同的独立个体，但是却被大人一再地拿出来比较，而压垮姐姐情绪的最后一根稻草，是一位长辈语带失望并斩钉截铁地告诉她：你没有妹妹聪明，又没有妹妹学习努力，看看你将来该怎么办！

这位才11岁的女孩没法理解自己为什么如此抑郁挫折，只知道自己不再愿意看见课本，也不再想去学校上课。她开始觉得肚子痛和反胃，看遍医生却束手无策的爸妈只好到我服务的心理诊所来求助。

我告诉她的爸妈，为什么这位长辈的"无知"针砭会成为压垮姐姐的最后一根稻草？那是因为，"不努力学习"是行为，是我可以通过刻苦来改变的；但"不够聪明"却是本质，是我与生俱来的能力，是我无法改变的命定。而且，当我被人论断为不够努力时，我感受到的顶多只是生气，但我被人论断为不够聪明时，那就攸关侮辱了。

我相信读到这里，爸妈们可能觉得气都要喘不过来了，而且心里一定想，金老师肯定是不赞成生二胎的。不，不，我没有不赞成生二胎。事实上，独生子女也有他的问题需要面对，成长的过程也确实寂寞，将来要肩负的责任和压力也更大。

我之所以会先把大宝的心声写在前头，并紧随其后地罗列出处理不当的结果，就是希望已经家有二宝的爸妈们，或即将、或计划成为家有二宝的爸妈们，能先从大宝的角度去了解还是一个孩子的他，在有了弟弟妹妹之后的所思所想和所感，这样我们才能因为理解而内心柔软，也才能因为理解而心平气和地做出更好、更成熟的应对来。

二、家有二宝的高情商父母

和独生子女一人独享父母和祖父母的爱不同，有同胞手足的孩子生命中的第一堂课，就是要学会分享，而"分享"却恰恰是人性中最难学会的功课之一。如果再加上孩子升格为哥哥姐姐时的年龄还小，社会化的进程和能力还没有被建立，那么，面对一个比自己更小、更有各种需求、更得到父母关注的新生婴儿时，那种被威胁、被剥夺、被抢走的挫折情绪就会更加明显。因此，如何帮助并不是故意不乖，或故意欺负弟弟妹妹的小小孩，就是爸爸妈妈们需要严肃以对，并学会高情商沟通力的功课。

我们可以这么做：

（1）很多专家会建议让大宝成为爸妈的小帮手，让他参与照顾新生婴儿的日常工作中，例如，妈妈帮弟弟妹妹换尿布时，他负责倒爽身粉或给婴儿的小腿抹婴儿油等。但我真心不认为它是放诸四海而皆准的。当小帮手当然是个很棒的方法，可以让孩子学会照顾、学会爱，也能有参与感，但这得视大宝的年龄和与生俱来的人格特质而定，爸妈千万不能"为参与而参与"，反而让帮忙照顾弟妹变成让亲子关系紧张的诱因。例如，小小的大宝觉得给弟弟妹妹倒痱子粉或抹婴儿油像游戏一样好玩，于是不松手越抹越多，反而把妈妈给逼疯了。所以，哪些项目才能让大宝成为不瞎捣乱、帮倒忙的称职小帮手；什么年龄段才能真正理解小帮手的含义，都需要爸妈的智慧判断。

另外，有些孩子天生喜欢跟前跟后地帮忙做事，有些孩子宁愿自己待着，如果爸妈一律奉行小帮手策略，有可能会让某些孩子觉得被要求做不是自己分内的事，如果这时爸妈又觉得大宝自私，不懂得分担爸妈的辛苦而指责他，那么叠加的情绪就是完全不必要的了。

所以，让大宝参与二宝的养育一定要"因人制宜"，他可以是小帮手；可以是小顾问（例如，由他来选择或和妈妈一起讨论放哪一首婴儿的睡前音乐给弟弟妹妹听）；可以是贴心小伙伴（妈妈可以和他一起讨论婴儿的问题，甚至征求他的意见。例如，诚恳地告诉他弟弟妹妹每天晚上要起来吃三次奶，妈妈觉得好累、好想睡觉等）。总之，要考虑年龄和性格而因人制宜。

（2）爸爸或妈妈必须要有单独而完整的时间和大宝相处。这段时间不能被二宝打扰，他可以在这段时间里完整而完全地拥有爸爸或妈妈。可以搂着他讲故事、玩玩具、一起看动画片，而且必须每天都拥有这段独处的时间。如果小家庭幸运地拥有原生家庭作为支持系统，也可以偶尔把二宝交给老人照顾，让大宝享有和爸爸妈妈快乐的一天。

另外，很多时候我们会以为，只要出游就必须是"一家四口（或五口）"一同出行，这样才是其乐融融的表现。这个想法当然没有错，但并不必要是"每一次"。例如，有些时候就可以是爸爸带着儿子去做男生喜欢的事，妈妈带着女儿去享受女生喜欢的事；或爸爸带着妹妹去游戏区，姐姐陪着妈妈做美甲……然后一家人在商场的冰激凌店会合。

我认识一对爸妈，他们有几次连暑假的大型旅行都是分开的。有一年爸爸带着哥哥去美国看 NBA 球赛；妈妈带着妹妹去日本泡温泉。当然这个分开的旅行不一定是要花大钱飞到哪个国家，重点是让孩子拥有独特而私享的美好回忆，这对他的情绪记忆是非常有价值的。

（3）请不要说："你是哥哥（姐姐），所以要让弟弟（妹妹）。"要说："弟弟妹妹还太小，不像你已经这么乖、这么懂事，会这么多的东西，能帮妈妈的忙了……"或者"你是男生，妹妹是女生，你知道男生和女生是不一样的，你看每一次爸爸妈妈不开心，都是爸爸先道歉和让着妈妈的……"

不说"你是哥哥（姐姐），所以要让弟弟（妹妹）"的原因我已经在前文中解释过了，这里不再赘述，但我们仍然需要解释发生争执时为什么他必须退让（请留意，是发生争执时，而不是所有的事他都需要退让，那大宝真的就太惨了），除了性别角色的不同之外，年龄也是可以着墨的重点。

我们可以一起翻看他在弟弟妹妹这个年龄时的可爱照片，看看自己曾经也有过相同的需要——拿不动奶瓶，不会自己穿衣服，走路不稳需要爸妈抱，吃饭时弄得到处都是……当他发现自己也曾经是个需要更多照顾的小宝宝，并且也曾经得到这么多的关爱后，就不会这么嫉妒和失落。

另外，我们要解释有些行为的发展是和年龄有关的，例如，弟弟妹妹还太小，不懂得如何控制自己的力气，所以本来只是想学你读书，结果不小心用力太大就把它给撕成两半了。我们还要告诉他，弟弟妹妹其实是最崇拜你的，因为在他的心目中你什么都会，什么都懂，所以你做什么，他也想做什么。

还有，你已经长大了，遇到不开心的时候，你有很多好方法可以表达，你可以跟妈妈说，可以先自己一个人在房间安静一会儿，但弟弟妹妹还没有长大，他唯一会的就是哭，就是叫，就是丢东西，所以我们都要忍耐，都要等待他长大，就像妈妈小时候姥姥忍耐我，爸爸小时候奶奶忍耐他一样。

（4）告诉大宝和二宝，拥有他们，是爸妈此生最重要的幸福来源，在爸妈的心目中，他们都是无价之宝，丝毫没有更喜欢谁，或谁更棒的比较。为了能清楚地阐述并让孩子们相信这一点，我们要详细而"具体"地罗列出他们的优点。

我曾经指导一对父母，请他们用 A4 纸分别写下两个孩子的优点（要留出还能继续填写的空间，需要时可以再续第二张），然后把这两张纸贴在冰箱上，一来让孩子总是能看见爸妈心目中的自己和他们对自己的骄傲；二来，提醒爸妈，我们何其幸运能拥有这么棒的孩子。

举几个"具体的"例子：

我喜欢听见姐姐每天早上起来跟妈妈说"早安"的声音，让妈妈觉得今天一定会很快乐。

　　我喜欢看哥哥踢足球的样子，哥哥的神情好专注，好有决心，让妈妈好骄傲。

　　我喜欢看妹妹写字时握笔的样子，妹妹写的字好漂亮。

　　我喜欢弟弟读绘本时，用小小的手指头翻书的样子，妈妈每次看见了都想去亲亲他。

　　我们不要写的例子是：很努力学习，很善良，很懂事……这些都太笼统，甚至有些敷衍了事。这些客套话不能让孩子们和我们自己感受到这些美好优点的温度。

　　最后，我想说的是，尽管家有打闹不断的二宝，而一旦遇到外侮，请相信我，他们一定会是彼此最坚强、最可信赖的依靠。因此，请享受家有二宝所带来的快乐，并熬过"狗都嫌"的艰难岁月！

第八章
学龄儿童常见问题及建议

孩子好动、注意力不集中怎么办？

孩子好动、坐不住、注意力不集中、在学校里总是调皮捣蛋……这一类的烦恼是我在亲子教育讲座时最常被问到的问题，我也知道这是孩子上小学之后，最让爸爸妈妈焦虑的部分，因为一旦从一年级开始学习进度就落后了，将来要赶上就会越来越吃力。所以我也总是说，处理好动孩子的情况要越早越好。

不过，每个孩子因为天生器质的差异，有的从小就像小绵羊一样安静乖巧，有的则像小猴儿一样活泼好动，这是天性，和遗传或多或少有关，因此是我们没法选择的事实。而且很多孩子在父母眼中所谓的"过动"，其实都是那个年龄段孩子的正常表现，所以我们在"诊断"孩子的好动行为时不能过于主观，不能先入为主地认定这个结论，要客观、冷静地做出公正的判断。

以下是处理好动学龄儿童的一些建议：

我们要排除是"专注力不足过动症"（Attention Deficit Hyperactivity Disorder，ADHD）的可能性。如果由专科医生确诊之后答案确实是过动症，那么就需要由医师来判断是否需要药物治疗，以及是否需要有心理治疗师或精神科医师的介入治疗（请参看本书第 161 页中对 ADHD 的详细介绍）。

如果孩子不属于有器质性过动症的问题，只是行为上表现出这些症状，那么以下是帮助这些活泼好动孩子的方法：

1. 设定清楚而合理的时间目标

请留意，我不仅仅说要求必须要"清楚"，我还要求是"合理"的。就像是幼儿园上课时，小班每 15~20 分钟，中班 20~25 分钟，大班 25~30 分钟就下一次课；

而小学生每40分钟下一次课；中学生每45分钟；大学每50分钟才下一次课。这些都是根据不同年龄阶段的孩子所能专注听课的能力而制订出来的时间。所以我们不能要求一个小学一年级的孩子，坐在书桌前两个小时动也不动地念书，我们得给他依据生理发育来说合理并可以达成的时间要求。

此外，我们还得找到孩子目前能够老老实实坐下来看书的确实时间，例如，有的孩子能安静地坐1个小时，有的孩子则只能坐15分钟。如果我们要求只能安静坐15分钟的孩子，一下就跳到安静地坐1小时的台阶上，对他来说不仅做不到，也会因做不到而产生失败的挫折，并产生和家长之间的矛盾。因此，我们一定要先找出孩子能够达到的时间要求，再据此做出阶段性的训练。

2. 找出让他注意力不集中的诱因

检查一下，在哪些情境下孩子能比较专心地坐着？哪些东西会让他分心？

我们在儿童心理卫生中心训练过动症儿童时，最常给过动症儿童父母的建议是：把书桌上的所有文具都收起来，只留下当时学习的课本、笔记本和必需的铅笔文具。对有注意力不集中问题的孩子来说，复杂的铅笔盒、削笔器等文具，都是可能引起他分心去把玩的东西，更何况如果书桌上还摆着电动机器人、手机、电脑这些更诱人的东西。

另外，还要把孩子书桌面对的那面墙上保持"空白"。不要有海报、挂图等这些能刺激视觉兴奋的诱因。有些脑神经内科专家认为，现在的孩子从小就接触了太多诸如电视、3D 动画等的视觉和听觉刺激，因此是导致 ADHD 比例逐年增高的原因之一；而儿童教育专家则认为，过多能够让孩子分心的物质刺激，也是重要的诱因之一。

是的，如果我们平心静气地想一想，当年我们念书时，只能在几近家徒四壁的清静环境里苦读，没有手机、电脑、互联网这些如此容易让人沉迷的声光刺激，所以我们要对抗的诱惑自然比现在的孩子要少得多。因此我们在理解的同时，也要帮助他们把这些会分心的东西尽量排除在读书的情境之外。

3. 诱因排除、合理的目标确定后，还要设计阶梯式的进阶训练

既然我们不能让孩子一跃而上，那就帮助他在"现实状况"和"理想状况"之间，订出若干个经过努力就能够达得到的目标。例如，他现在只能乖乖地坐定 15 分钟，好，那我们这个星期就从乖乖地坐定 20 分钟开始。等他确实能坐定 20 分钟，也能在这 20 分钟里专心地念书之后，我们就在下个星期把时间再拉长一些，例如 25 分钟。

你们可能会问，啊！一次才增加 5 分钟？那要等到多久才能坐定 1 个小时啊！等到那个时候，期末考也都考完了呀！

如果我告诉你，当你从旁观者的角度看见一幅画面，画面中一个气急败坏的妈妈拿着棍子守在孩子身边，押着他坐在书桌前不准动，而那孩子只是人在心却不在，而妈妈又在一边气得头晕脑涨的，你觉得这个画面是不是很让人无奈？你会不会想告诉这位妈妈，这样押着孩子是没有用的？

所以，如果我们能先把这次、下次甚至下下次的期末考放在一边，先用几个月的时间，好好地把孩子注意力集中的习惯给养成，那么再下下次、下下下次以及今后的每一个期末考是不是就容易得多了？

4. 有信心、有耐心地陪着他跨上台阶

对已经有好动、注意力不集中习惯的孩子来说，让他一个人老老实实地坐着，确实是件需要有毅力去克服的事。所以，这个时候，他很需要爸爸妈妈的帮助，给他安定的力量。

我们可以在孩子的房间另外准备一张桌子或椅子，当他写作业时，我们就在同一个房间里安静地看书写字（请不要上网、看网络电视、发微信等，也不要噼里啪啦地在一旁敲键盘），给他安静下来的气场、氛围和力量。25分钟到了，我们一起休息一会儿，说说话，动动身子，吃吃东西，10分钟后，再一起进去看书写作业。

请相信我，只要他在那几个25分钟里能全然地静下心来写作业、看书，以"活泼好动的孩子多半聪明"的"祖母定律"来说，他很快就能掌握功课的诀窍了。

再说，这种高质量的亲子时间，也是帮助亲子互动和拥有亲密感受最好的黄金时间。

5. 孩子一旦跨上了一级台阶，哪怕不是最高的那个阶梯，也要给予鼓励

当年我们在实验室里用小白鼠做各种制约行为的实验时，老师一再告诉我们要观察小白鼠对奖励的反应。我们发现，只要我们给了小白鼠奖励，它就能很快地学会某个行为；反之，如果我们故意不给它奖励，那么那个本来已经学会的行为就又慢慢地被它给忘记了。

孩子其实和小白鼠一样（我们大人何尝不是一样），需要有足够的奖励来支持克服困难的动机和动力。所以只要他确实努力，也确实达到了目标，哪怕这目标微小到距离理想还相去甚远，我们都要高兴而诚恳地给予鼓励。

给什么样的鼓励最合适呢？

我们先来想想，有注意力不集中问题的孩子最缺乏的是什么？是不是"荣誉"？到目前为止，他这辈子可能听得最多的一句话就是："这个孩子实在是太让人操心了！"在学校里，他被老师斥责、罚站；在家里被爸妈唠叨、打骂；在亲戚朋友聚会时，他也总是那个被一直追问近况的调皮孩子。所以现在一旦他做的好了，成功了一小步，我们是不是得帮他"昭告天下""平反"一番？

所以对他的鼓励可以是贴张星星在冰箱上，让家里的每个人都看见（贴满了多少星星之后，就可以换奖品）；可以是写在你的博客日记里，让他觉得你以他为荣……总而言之，要找出一个可以让他有荣誉感的方式来激励他，因为这是帮助他继续往前走的关键动力，也是他最需要拥有的美好感受。

6. 我们必须给孩子一个有规律的生活内容

许多年轻的爸爸妈妈们，周五晚上整夜看电视，周六早上则赖床不起，甚至误了早餐。如果我们允许自己的生活内容这么不规律、这么散乱无章，又怎么能要求孩子生活规律呢？

我举个上床时间的例子来解释。

对大部分的孩子来说，如果我们规定晚上8点钟就要睡觉，那么几天之后，他的生理时钟就会很自然地在晚上8点逐渐趋缓、准备睡觉。可是如果我们今天叫他8点上床，明天又因为家里来人让他9点上床，后天又因为晚饭吃得太晚而延误到8点半才上床。这样颠三倒四的混乱，当然让他的生理时钟无法定位，自然也就不容易养成睡眠规律的习惯。

而偏偏有好动问题的孩子最需要的就是"规律"。因为有规律，他才能知所依循，才能据此而控制住跳跃的冲动。所以，如果要求好动的孩子表现乖巧，那我们做家长的就得以身作则，自己生活规律，才能让孩子在规律的生活中学习自律的能力。

TIPS 小贴士

• **从色彩能量心理学的角度来说，好动的孩子适合什么颜色？**

蓝色和黄色是最好的选择。不过色调要稍微柔和淡雅一些，不要选择太刺眼的明黄或亮蓝。稍微暗沉的黄色能量可以帮助孩子学习，而温和的淡蓝色，则能安抚、镇定他躁动的肾上腺素的分泌量。

可以多穿这两个颜色的衣服。如果平常上学时穿校服，也可以在校服里穿这两个颜色的内衣裤。此外，卧室的窗帘、或床单、或被罩，可以选用蓝黄相间的色调，并且在床上摆个黄色的抱枕。

请注意，进行色彩能量疗法时，只要所选择的布料中有60%以上的该色彩，就可以达到该色彩的能量理疗功能了。

蔬果中，除了正常的青菜之外，多吃点蓝黄颜色的水果，例如香蕉、黄桃、蓝莓等；喝饮料时，最好选择黄澄澄的柳橙汁、芒果汁。

• 从芳香精油能量学的角度来说，好动的孩子适合哪些精油？怎么使用？

如果是小学三年级以下的孩子，建议只

使用橘精油。小学三年级以上的孩子则可使用杉木精油。

把精油滴在热水里熏蒸，是唯一可以采用的方法。选用一个阔口的容器，例如盛汤的大碗，倒入热水，根据每5平方米1滴的原则，滴入适量的精油，放在孩子学习的房间的角落，就可以了。每天晚上只要滴1次就行，千万不能多滴或以为气味没有了就频频加油。

TIPS 小贴士

• 专注力不足过动症（Attention Deficit Hyperactivity Disorder，ADHD）

所谓专注力不足过动症，是指孩子的专注力和自制能力比一般孩子弱、活动量比较高，引致学习发展上的障碍。

最新的数据显示，专注力不足过动症的比

例为 9%，也就是在 100 个儿童中，大约有 9 个患有专注力不足过动症，男女的比例大约为 3∶1。以现在中国一般学校的人数比例来说，在 30~40 个同学的班级里，每班很可能就有 2~3 个学生有专注力不足或过度活跃的问题。由于专注力不足过动症的特征会由幼儿期一直持续到青少年期，因此有专注力不足过动症的孩子会在学习生涯上遇到不少困难。

目前，医学界对引起专注力不足过动症的原因，还没有很明确的发现。但大致都同意这和孩子脑波运动的些微异常有关。

针对专注力不足过动症的治疗方案，除了有些孩子的情况需要服用药物来抑制之外，目前多采用由儿童心理治疗师来进行的"放松训练"和"行为治疗"。放松训练是教导孩子学会如何用深呼吸来保持放松和安静，以及因此来放松身体特定的肌肉群。行为治疗则像我在正文中描述的那样，设计合理的目标以及阶梯式的方法，给予训练。

不过家长们一定要记住的是，很多其他孩子可以轻易做到的事，对于这些孩子来说却很困难，因此生活过程中一定充满了挫折、沮丧和焦虑的情绪。此外，这些他做不到的事，不是他不愿意去做，而是力不从心，所以爸爸妈妈们一定不要以为他故意不听话，要给他更多的爱、理解、耐心和安抚。另外，有专注力不足过动症的孩子在学校里同样也可能充满了挫折，家长们也要帮助他建立和其他小朋友互动、交往的技巧。

好消息是，专注力不足过动症的症状，会随着孩子逐渐长大而慢慢地好转。很多人长大后，发展得卓然有成，而且表现出比其他人更优秀的生活和工作能力。

那么有专注力不足过动症的孩子的家长该

注意哪些事情？

　　除了上述对好动孩子的教养方式之外，还有几点需要特别注意的事：

　　（1）让他有到户外运动的时间和机会。在书房里待了一段时间之后，带着他到楼下或花园走走，不要待在室内看电视或玩电脑，如果时间太短或天气不好，不能到户外散步，可以在家里装个篮球筐投篮，或和他一起玩笑，哪怕是搔搔痒、大笑一会儿都好。专注力不足过动症的孩子，有的是精力，如果不让他的这些精力释放出来，再让他坐下时，他体内跳动的能量自然无法让他专心下来，所以一定要到户外跑跑跳跳。

　　（2）也不能让他"疯"得或玩得太累。精疲力尽时，专注力不足过动症的孩子会表现出很焦躁的情绪，让人误以为他脾气太坏或没有礼貌，反而制造不愉快的机会。所以，最好的方法是有节制的体育项目，例如游泳、踢球、投篮、蹦蹦床等都是很好的选择。

（3）如果专注力不足过动症的孩子犯了错，接受处罚时，请记得一定不能剥夺他出去运动的权利，例如，"今天不准出去踢球了！"因为这对他来说是最重要的能量发抒管道，如果把这个管道给封闭住，再加上不愉快的情绪挫折，那么孩子的行为就会变得更暴躁、更过动。

（4）晚上不让他看电视。电视的视觉和听觉刺激对专注力不足过动症的孩子尤为明显，如果影响了他休息睡眠时的脑波活动，第二天过动症状的强度可能就会变得更大。所以可以让他在白天看1~2个节目，但一到了晚上就必须严格禁止了。

（5）最后一件事，也是最重要的一件事。环绕在专注力不足过动症孩子身边的，永远都是来自家长、来自老师的消极批评，这对他的自尊和自我认同有很大的负面影响。出于对孩子无条件的爱和保护的责任，我们虽然无法要求老师这么做，但爸爸妈妈一定要尽力学会控制自己的情绪，用更多的爱和耐心，以及对这个症状的理解，来等待孩子的长大成熟。我们只要牢牢地记住一件事：不是他故意这么做，而是他脑子里有一个顽皮的精灵带着他这么做，我们就会对眼下的辛苦比较释然了！

孩子学习成绩差怎么办？

　　我常常思考一个问题：一个有 50 个学生的班级里，大概只有 10 个左右的学生家长心情是比较安适的，因为他们的孩子学习成绩好，不太让人操心；而有 30 乘以 2 个左右的学生家长可能神经是紧绷着的，因为孩子的学习成绩可上可下，特别需要努力用功；而还有另 10 个家长的心情是灰色的，因为孩子的学习看似无望，所以只能思考如何为他们另外安排前程。

　　目前在国内的小学里，大约平均每个年级有 5 个班。因此，6 个年级乘以 5 个班级再乘以 60 个忐忑不安的家长，就等于有 1800 个成人每天或多或少地正在为孩子的学习成绩而焦虑着。如果我们把每个城市的每个小学都计算进去，得出来的焦虑人口数自是十分惊人！

　　而我的关切还不仅仅是这些为数众多的家长们，我更关心的，其实是那些成绩在班级的中、下游的孩子们，我能想象他们每天在学校和家庭里因学习"失败"

而承受的压力、挫折，以及他们因此而产生的对自己的错误看法和自卑的评价。

当然，我们必须承认，现行的"科举制度"确实十分严酷。虽然教育专家们常常在那里高谈阔论，说什么孩子必须减负啦！需要改变考试制度啦！家长别给孩子压力、要放宽心啦！但没法送孩子出国念书、没有家族事业可以继承的绝大多数的家长们，却真的找不到那"条条大路通罗马"的其他的路在哪里，所以只能硬着头皮逼着孩子念书，好削尖脑袋挤进那看似是唯一的通往罗马的小路！

所以我不打算在这里假惺惺地告诉你们说读书或学历并不重要，因为读书和学历确实重要，也的确是平民翻身的重要途径之一。但我想说的是，如果万一孩子真的不是在课业学习上有禀赋的人，也真的不是善于背诵记忆的资才，那么，我们该怎么办？该怎么帮助他在其他路径上杀出一条也可以通往罗马的血路来？

1. 首先，我们要帮他撕掉"失败者"的标签，让他享受"成功者"的经验

"标签理论"是我在任何亲子教育的演讲中，对前

来听讲的父母们都一再啰唆、强调的，因为它实在是太重要，也太容易影响孩子日后的成就表现了。

"标签理论"是一个发展心理学的理论，是指一个人的思想和行为，会下意识地由他脑门上所贴的标签来主导。也就是说，他的思考方式、行为表现、学习动机、人际互动等，都会下意识地去符合这个贴在脑门上的标签。如果，脑门上贴的标签是"成功者"，那么他就会以成功者的心态去迎接挑战、面对生活；反之，如果他脑门上贴的是"失败者"的标签，他就很有可能会在遇到些微的困难时，会不战而降，心想，反正我努力了也还是会失败，所以还不如不努力，免得再受打击或白费工夫。

我在和许多青少年互动的过程中，常常难过地看到脑门上贴着"失败者"标签的孩子。他们大多数都是学业成就比较低的一群人，在学校里、在家庭中都不太有被尊敬的经验。有的因为自视甚低，行为表现得畏畏缩缩，有轻微的抑郁倾向；有的却用自大狂妄来掩饰内心的焦虑、自卑，变成了天不怕地不怕、欺负同学的小魔王。

其实，这些孩子的学业还不是我最担心的部分，作为专业的心理治疗师，我最担心的是他们日后步入社会后的职业表现，以及他们成长后的社会化能力和人际关系。事实上，许多从小没有享受过成功经验，并且因此还备受嘲笑、羞辱的成年人，不仅在事业上一无所成，甚至还会有婚姻上的困难，因为他们总是想用掌控压制另一半的成就感，以消除童年没有获得的快意。

所以面对学业成就比较低的孩子，我们一定要先帮助他把这个"失败者"的标签给撕掉，让他享受并经验成功的滋味，知道自己仍然是可以被尊重的。

2. 发掘孩子的长项，给出一个"合理"的成功者的定义

这是撕掉"失败者"标签的第一步。我在前文中一直提过的一个词汇——器质。"器质"是人格心理学上的专有名词，是指一个人与生俱来的性格和能力的表征。有的婴儿天生的器质像小绵羊、小天使；有的婴儿则像磨娘精、小霸王；有的孩子与生俱来喜欢动脑、看书；有的孩子则喜欢动手、实践……

这和孩子的好坏、优劣无关，只和他从娘胎里得到的遗传，和他出生后所接受的最初教养有关。

同样的，在一个有50个学生的班级里，老师一定会发现某些学生对数理化的理解力特强；某些学生则是语言的表达力更好；此外，有些学生对音乐、色彩的感受力敏锐；有些学生则精于体能和肢体协调力的掌握。可惜的是，在现今人们对"成功者"定义如此狭窄，我们不得不承认我们自己扼杀了很多孩子的美好天赋，压抑了他们原本可以发挥得很好的能力，硬是把他们塞进教室里，在他们并不十分擅长的项目上，定了他们的"死罪"！

当然，我并不是说我们可以不再顾虑"优胜劣败、适者生存"的社会竞争法则，任由孩子不再学习，只是去发展自己的长项。我的建议是，当我们发现孩子的某个长项时，要巧妙地去利用这个长项，让它成为孩子博取"成功者"标签的机会，去帮助孩子拥有成就感，以便更好地赢得愿意接受其他挑战的心理筹码。而不是打压他，或禁止他，让他觉得自己一无是处。

多年前，我先生的一位朋友念初中一年级的儿子向来在学校里是个让老师和家长伤脑筋的孩子。他的学习成绩总是在班级的后三分之一间摆荡，但是他却精通电脑，不仅仅会设计复杂的程序，还厉害到能成为侵入别人电脑的可怕黑客。最初，他沉迷电脑这件事让他爸爸几乎抓狂，总是为了电脑和他大发脾气，甚至还曾经在暴怒之下把电脑给砸烂过。但是在一次饭局中我和他苦恼不已的妈妈聊过天后，我教了她一个小小的技巧，就把这件让全家人几近崩溃的事给圆满地扭转了。

我教她带着一个"让金阿姨头疼不已"的难题回家，请他帮忙写一个如何使用 photoshop 软件去编辑照片的程序（那时 photoshop 才刚刚出来，还是很时尚的东西），好让"愚笨的金阿姨"一步一步照着去做。

几天过后的周六晚上，我们两家人约了一起吃晚饭，这小小的电脑天才带着打印出来的程序，在饭桌上耐心地教我怎么一步步地去做，其间，我先生还请教了他其他几个更复杂的电脑程序问题。最后，我们非常诚恳地感谢了他，我还问他是不是能利用写作业的闲暇时间，再帮我的"电脑盲朋友们"做些其他的指导。

在他欣然同意了我的请求之后，我很温和地说："这样吧！毕竟你还是个学生，我也不能总是耽误你学习的时间。要不，我们来设计个时间表，你看看每天是先把该学习的课业做完了之后再研究电脑，还是先研究电脑之后再写作业？"

13岁大的他，已经是很识时务的了。他谨慎地拿眼睛瞄了瞄爸妈，想了两三分钟之后，坚定地回答我："我看还是先写作业，先学习吧！"

我接着说："好呀！好呀！那你就先学习，再研究电脑。不过，你觉得每天需要多长时间研究电脑才够呢？"

他又想了想说："嗯！以我的能力，最多1个小时就够了。"

于是，在接下来的几个月里，一直到那个学期结束之前，他都是先写作业、再研究电脑，而我也真的会时不时收集一些和电脑有关的问题去请教他，并且在他帮忙处理完问题之后，请他吃披萨奖励他，还送给他一些和电脑有关的小东西。

如今这个孩子已经从培养计算机专业人才的学校毕业，由学校推荐进入一家世界前50强的软件公司上班，负责软件设计工作。到目前为止，才20岁出头的他已经卖出了好几套软件给线上游戏公司，除了给自己买了房子和车子之外，还自觉基础能力不够扎实，利用周末时间苦学英语，让他的爸爸妈妈好生骄傲。

3. 我们要理性地认知自己孩子的能力，协助他在力所能及的步伐下，向上攀爬

在这里，我要提出一个很重要的"阶梯理论"。这个方法尤其针对那些学习成就比较低的孩子，帮助他们在积极务实的计划下，有效地达到目标，并且扭转从前"我是个失败者"的自我评价。

阶梯理论的重点是，先找出孩子目前的位置，然后在现在的位置与希望达到的目标之间，规划出几个力所能及、经过努力之后就可以攀爬上去的台阶，让孩子在每登上一个台阶之后能够享受成功的美好经验和喜悦，习惯进步（是的，习惯进步），并且相信自己也可以成为成功的人。

举例来说，如果现在孩子的数学考试成绩每次都在30分左右，是全班的倒数几名。好的，那么现在你在30分和及格60分之间，依据孩子的实际能力设定几个台阶。我们可以和孩子一起讨论，问问他在努力学习之后，预估下次考试可以得到几分。如果孩子为了讨好爸

妈，夸口说 60 分甚至 80 分，我们不要讥讽他，只要诚恳、心平气和地说："我们可以慢慢来，我们下次先考到 45 分怎么样？"

你可能会说，金老师，既然孩子都下定决心说要考及格了，我们为什么要不信任他，降低标准呢？

没错，孩子一定希望自己能考出好成绩，也一定会尽可能想办法要考个好成绩。可是如果他的实际能力距离好成绩还有一定的差距，那么与其让他再次尝试失败的挫折，还不如帮助他正视自己的实力，一步一步地往上走，并且在一步一步往目标前进的过程中，发现学习的乐趣，习惯并享受成功的经验。

所以请记住，制订学习计划时，不仅孩子需要务实，我们做父母的，更需要冷静而客观地面对现实。

计划开始实行之后，如果孩子真的考了 45 分，达到了比上次进步 15 分的目标，虽然还是不及格、还是班上倒数几名，但我们还是要高兴地庆祝他的成功，给他应得的赞美和奖励，让他发现，只要努力，自己是有能力做到的。而且经过这次成功的经验，让他更有积极的动力和自信，把脑门上失败者的标签慢慢撕去，相信自己也是成功者，因此而充满信心地继续往下一个台阶攀爬。

这时你可能会再问我，金老师，如果这样一小步、一小步地往上爬，还没爬到顶上，中考或高考就已经结束了，那有什么用啊?!

是啊! 是啊! 我知道考试在即，任何步骤都得加速。可问题是，如果我们不这么帮他，以他目前的成绩，他还是考不上好学校。那么，与其这样，还不如把考上学校的目标放在第二位，把培养孩子的自尊自信、积极负责、努力向上的素质放在第一位。而且这些素质会成为他血肉里的养分，跟随他一辈子、影响他一辈子，并且决定他今后成为什么样的人。

当然，我也希望我们不要等到孩子已经在学习上饱受挫折之后，再实行阶梯教育。如果我们能尽早地在孩子还小的时候，就帮助他养成为自己制定计划的习惯，这对他今后的助益会更大。

4. 面对学习成就低的孩子，我们要做的最重要一步是——接纳他，并且爱他

实事求是地说，一个备课、教学已经充满压力、筋

疲力尽的老师,在面对一屋子四五十个吵吵嚷嚷的小学生时,即使他从心底里愿意,但是也不太可能真正地做到因材施教和一视同仁。而且如果我们希望老师能注意到每个学生的小小心灵和纤细的情绪反应,那更是对已负荷过重的老师的苛求。

因此,观察孩子的情绪反应和及时"出手相救"的责任就只能落在父母亲的肩上了。

我在另一本书里曾经写过,从心理学大师弗洛伊德的理论来说,每个孩子,终其一生都在追求父母的认同。在我们每一个人的内心深处,都埋藏着光宗耀祖的雄心壮志,只不过有的人把这种野心合理化为前进的动力;有的人把它变成压迫自己的粗壮横梁;另外有些人则把它变成评价自己的唯一标准。

如果我们做父母的,能让孩子理解成功的定义不是那么的狭窄,只要他能成就对他人有意义的事,能身心健康地成长,能获得生活的幸福,就是我们引以为荣的骄傲。那么他在努力取悦我们的时候,就不会如此辛苦,不会变成瞧不起自己、身心不健康、不幸福快乐的人。

而且，当孩子在学校里已经在每一次公布考试成绩或领取考卷时遭受了挫折和耻辱，并且在每一次公布成绩后在回家的路上忐忑不安，虽然看似他因为自己不努力而罪有应得，但作为最爱他、最需要安慰扶持他的父母，我们能不能在管教他的同时，控制住自己即将脱口而出的辱骂，以及那最可怕的嫌恶、失望、忧伤、不再信任和不复关爱的眼神和表情?!

因此，今后，让我们的管教只就事论事地针对学习，而不要波及我们和孩子之间最重要的情感纽带。因为如果连我们做父母的都转身背弃了他，那么这个可怜的孩子，从此可能就真的一无所有了!

TIPS 小贴士

• 从色彩能量心理学的角度来说，学习差的孩子适合什么颜色?

色彩饱和度高的明亮黄色和橙色是最好的选择。其中尤以黄色为更重要。因为黄颜色的能量刺激了太阳神经丛，也就是我们与生俱来的聪慧，对孩子的心智发展很有帮助。至于橙色，则能帮助孩子拥有自信心和安全感，能帮助他克服学习的恐惧和困难。

除了多穿这两种颜色的衣服之外，卧室的窗帘、床单、被罩，也可以选用这两种色调。而其中，窗帘的颜色，则是最好的色彩能量疗法。进行色彩能量疗法时，只要所选择的布料中有60%以上的该色彩，就可以达到该色彩的能量理疗功能了。

蔬果中，除了正常的青菜水果之外，多吃点黄橙色的水果，例如胡萝卜、香蕉、橙子、芒果、菠萝；喝饮料时，则选择橙汁、胡萝卜汁。

·从芳香精油能量学的角度来说，学习差的孩子适合哪些精油？怎么使用？

有三种精油适合不同的学习不良情况：

▷ 记忆力不好的问题。例如总是背不下课文、单词、地理、历史等，可以用紫苏精油。

▷ 理解力不好的问题。例如数学、物理、化学等科学科目不好，可以用百里香精油。（请注意，购买百里香精油时，必须选择含极少量的酮类、安全系数高的"白"百里香精油，而不是安全系数较低的"红"百里香精油。）

▷ 注意力不集中的问题。例如总是有漏写的题目、没仔细检查的错误或不专心的问题，可以用迷迭香精油。

唯一可以使用的方法是：把精油滴在热水里熏蒸。选用一个阔口的容器，例如盛汤的大碗，倒入热水，根据每5平方米1滴的原则，滴入适量的精油，放在孩子卧室的角落就可以了。每天晚上只要滴1次就行，千万不能多滴，或以为气味没有了就频频加油。

• 如何让孩子喜欢阅读?

不论对大人或孩子,我对阅读的观点是:只要是你喜欢读的书、能静下心来读的书、读后觉得有收获的书,对你来说,就是好书。

因此,以下是我对如何让孩子喜欢阅读的几点建议:

(1)从孩子喜欢看的书开始培养。请注意,不是从我们认为他应该看的书,而是从他自己喜欢看的书开始。我相信,即便是我们自己,都有应该看、可是却不喜欢看的书,更何况是那么小、那么纯粹、那么爱憎分明的孩子呢?!所以我们可以从他能安静下来阅读的书开始,让他先学习、感受阅读的乐趣和况味。

（2）我们同时间也看那本书，看完之后就可以和孩子一起讨论，他说说他的读后感，我们说说我们的读后感，甚至还可以从不同的读后观点中展开辩论（是辩论，不是压制哦）。我自己觉得这个方法对我和儿子非常有好处，我们也从中得到了巨大的乐趣。他小学四年级时，非常迷恋亚森·罗宾、福尔摩斯的侦探小说，他在周末时看，我在平常晚上他做功课时看，然后我们就一起讨论、辩论，有时他爸爸也加入"战局"。我相信，这些美好的阅读时光不仅对他来说终生难忘，对我和先生来说，也一样终生难忘。

（3）如果要孩子喜欢阅读，我们自己也得喜欢阅读。你能不能想象下面这两个场景之间的不同：

场景一。周末的午后，孩子在房间里被

我们逼着坐在那里看书，我们却坐在客厅里看电视、聊天，或坐在书桌前盯着电脑看。

场景二。周末的午后，孩子和我们一起，安静地坐在客厅里看书，空气中只听见翻书的沙沙声响，和心灵饱满的吟唱……

孩子容易发脾气怎么办？

　　教师办公室里，只见一位家长羞愧难当地坐在那里听老师讲话，他的孩子可能今天又在学校里打架，打伤了同学、踢坏了桌子；商场里，你看见一个又丢脸、又生气的妈妈，拖着又哭又叫、两腿乱踢的孩子往外走，他可能因为得不到一个机器人而控制不住地发飙、乱摔东西；客厅里，你看见趁着大人不注意的时候，一个半大不小的孩子，用力地拽着另一个孩子的头发往沙发上撞，口中还不停地发出怒吼声……

　　孩子的这些激烈表现，让大人又头疼、又担心，既怕他们让自己丢脸，又怕他们因此养成暴力行为，将来一发不可收拾。因此几乎所有的家长在遇到孩子乱发脾气、打架、暴力相向时，都会立即采取"镇压"的方式。有时候，确实可以遏制激烈行为的再发生，可有时候，却更加助长了激烈行为的强度。因此，知道如何处理孩子易怒、暴躁的性格和行为，不让它成为日后的隐患，确实是件需要我们学习的事。

在我还没有详述诱发孩子的易怒性格之前，我想先给爸爸妈妈们宽宽心：任何一个孩子都可能会有表现"暴力行为"的瞬间，这是人性，也是情绪还没有完全成熟的他们表达情绪、挫折的方式，所以不需要惊慌，也不要立刻下判断，只要在他发泄过后，好好地引导，就能规避日后的危机。

我儿子在台湾念小学三四年级时，就有过两次惊天动地的暴怒事件，其中一次甚至还把学校训导主任给弄得颇为伤心。

那天下午我们接到学校电话，说他在教室里发飙，不仅推翻了桌子，还狂踢同学，训导主任前来劝阻时，他还恶狠狠地瞪着主任，叫嚣着说："哼！今天我豁出去了！"

我们羞愧地把他领回家之后，我问他到底发生了什么事。他说同学向他借了本书，过了好久一直都不还，他要了好几回之后，同学才终于把书带到学校来，可是还给他时，却故意把书丢到地上，把书的封面给折坏了。他因此大怒，失控地踢倒桌子、扑上前去……当训导主任听到这么大的动静前来察看时，不由分说地就训斥他，还说他身为班长却带头打架等，让他更觉得委屈和不公，因此就做出了那么没有礼貌的表情并说出那么江湖的话来！

我们听完了他的申辩之后，首先谴责了那位同学的不是，说他既不还书在先，还了书又如此无礼粗鲁在后，确实是不对的，因此妈妈会写封信告诉老师事情发生的原委，让老师知道引起打架事端并不完全是儿子的错。但是，作为学生，他不能用暴力的方式来解决问题，也不能对前来劝架的老师那么无礼，所以也许同学有错在先，但他也因为处理不当而有错在后。

因此，当天晚上我们都写了信。我写了一封给训导主任，既说明事情经过原委，又以家长的身份向老师道歉；儿子则写了两封，一封向老师道歉悔过，一封向被他踢打的同学道歉。

经过这件事情之后，他又在四年级期末时，为了同学不听他的指挥口令，故意在台下扭来扭去而发飙过一次。然后，等他渐渐长大了，我就再也没听过他在学校有过暴怒打架的行为了。

根据研究统计，以下几个因素是促使孩子暴怒的诱因：

● 自觉受到不公平的待遇，但又不知道该如何表达。（就像我儿子的那两次暴怒打架的行为一样。）

● 觉得寂寞、孤独甚至害怕，没有朋友，所以就用激烈的行为来引起别人的注意，或掩饰内心的慌乱，以借此表现自己的坚强。

● 有话想说，或想表达，但一直没有被聆听，尤其是在没有爱、不安全或被忽视的环境里成长。通常孩子在家里的角色都是被教导、被要求、被指派，他们不太有机会去表达自己的感受或意见。如果一直被压抑着，有一天爆发出来时，突然感觉自己的想法被重视了、被看见了、被听见了，于是就增强了这个诱因。

● 有的时候孩子的攻击性行为是被大人所默许的。我们希望看见孩子能保护自己，为自己反抗，为自己争取，所以当他们做出一些反击的行为时，也许看见了父母嘉许的眼神，于是他们就误以为这是取悦父母的一种方式，久而久之，就渐渐养成了这个坏习惯。

● 请不要忘记我们是孩子的榜样。如果我们处理问题的方式就是生气发怒、大吼大叫，甚至拳脚相向，那么孩子在有样学样的心理动机之下，自然也就学会用这些方法来处理自己的挫折情绪。

因此，当我们面对一个容易发脾气、喜欢打架的孩子时，可以试着这么做：

● 找到容易触发攻击性行为的诱因。就像是对某些成人来说，累了一天下班回家，却又遇上没完没了的塞车；拥挤的地铁上，邻座男子不断地抖动着二郎腿；昨夜宿醉未醒，一早上头痛欲裂；甚至去年才买的衣服穿了已经太紧等；这些都是诱使坏脾气爆发的原因。而对孩子来说，有时晚餐吃得太晚，肚子饿了；妈妈一直拖，错过了足球比赛的开场；爸爸回家太晚，忘了讲床边故事等看似微不足道的小事，也都可能成为诱发孩子发怒的原因。

如果孩子总是发脾气，情况也比较严重，我们可以做个记录，看看一天之中什么时候、哪些事情最容易引发他的发作，以便事前避免或预先做准备。例如：如果早上有起床气，那么就设定早个十几分钟起床，或妈妈爸爸别在早上训人、交代事情、唠叨；如果是因为要玩具未果，那么出门前就先说好今天不买玩具，否则妈妈就自己出门购物等。

● 容易发脾气的孩子犯错时，要尽量避免体罚，以及大吼大叫。孩子会模仿大人的行为，如果我们没法控制情绪，那么他也就不知道如何学习去控制自己的情绪。事实上，虽然一个 10 岁或 12 岁的孩子看起来已经很大了，其实他们还是个孩子，在他们小小的心灵中，绝对没有如此巨大的意图要伤害自己的父母，他们只是需要表达，却不懂得如何理性地表达罢了。因此要给他们一个如何处理情绪的好榜样。此外，请记住，在家被暴力管教的孩子，在外面也只会以暴力来解决问题。

● 理解孩子与生俱来的器质。有些孩子安静内向，有些则活泼外向。如果他容易哭闹焦躁，这是一部分的天生性格使然，并不全然是故意和我们作对。因此，如果能在他小的时候就掌握了他的情绪表达方式，同时也明白他的情绪表现有时确实是身不由己，这样对爸爸妈妈来说，不仅可以事前预防诱因的产生，同时也可以因理解而避免挫折、动怒，从而造成进一步不必要的矛盾激化。

此外，我们要成为孩子学习如何疏导情绪的典范，让他从我们身上学会如何表达自己的真实感受，不压抑情绪，诚实地面对沮丧和焦虑，并且找到合适的方法，把它们理性地释放出来。

● 当孩子确实控制了自己的行为时，要给予及时的奖励。有人认为奖励形同贿赂，认为自律是孩子应该做的，不应该再用贿赂的方法来奖励他。事实不然。对我们大人来说，奖励都是一种积极向上的促进动力，更何况是对心智还未成熟的孩子。而且不仅要给奖励，给的还要及时。例如，在商场买东西时，他没有像往常那样因没答应给他买东西而哭叫吵闹，或像往常那样不顾危险不听规劝地爬上爬下，回家的路上，我们就要带他去公园逛逛，或去快餐店吃个蛋卷冰激凌，以作为及时的奖励。

对于情绪容易波动的孩子来说，情绪的记忆来得快、去得也快。如果你告诉孩子因为他今天表现得很好，所以周末再带他去玩，或再表现良好一次就有冰激凌可吃，那么他对这次良好表现的记忆感受就不够强烈，荣誉感也不够深刻。"奖励滞后"对尚未成熟、忘性很大的小孩来说，已经是一种错失教育良机的错误，更何况是对这些情绪躁动、忘性更大的孩子呢？！

此外，我们也很有可能在接下来的一个星期之中，又因为某件小事而彼此不开心、发脾气。那么他上个周末的好表现，就不仅会因为没有受到激励而减弱，反而心里还会愤愤不平，想着妈妈只记得我的坏处，却从来就不记得我的优点！

当然，给孩子的奖励也不能太大、太多或太昂贵。这样会让孩子要得更多，而且对奖励的感受也越平淡。事实上，不论对多大年龄的孩子来说，知道父母"以他为荣"，都是最好的精神奖励，也是最让他们有成就感和开心的事。所以如果他这次表现良好，你就开心地搂着他说："妈妈真的好高兴，真的好以你为荣！你真的是长大了！"我以前甚至现在，都常对儿子说："我和你爸爸都觉得自己是天底下最幸福的父母，因为我们有你这么一个优秀的好儿子！"

● 如果孩子的情绪真的失控了（尤其是稍大一点的青少年），我们一定要保持冷静，离开现场，不要再激化怒气。如果孩子还小，那么就选择我们离开，回到卧室或浴室，等情绪平静下来之后，再出来处理。如果孩子大了，就请他回自己的房间，让他一个人安静地在房间里冷静下来，之后再找时间沟通。

当孩子看到父母在冲突中冷静下来，他自然而然也会跟着冷静下来。如果我们在已经爆发的冲突中还执拗地和孩子争夺谁拥有主控权，还在那儿一争高下、一较长短，那么很有可能就会让已然爆发的情绪更加沸腾，并且很有可能造成更不可控的后果产生。

● 我们必须是那个倾听孩子诉说委屈的人，也是容许孩子说明理由的人。很多时候，我听见大人这么教训孩子："你打人就是不对，没有什么理由好说的！""哦！你做错事了，你还有理啊！""大人管你，你就听着，没有你说话的份儿！""大人告诉你怎么做，你就怎么做，不要回嘴！"甚至是："他怎么不欺负别人啊？就只欺负你，一定是你自己做得不对！"

我们能不能想象一下，如果当年我儿子受到了自以为无法承受的委屈（同学借书不还，还的时候还这么无理，把书皮都给折坏了），当他被老师处罚，还这么丢人地在大庭广众之下让父母给拎回家去，如果我们回到家之后，再不由分说地痛骂他一顿，不给他申辩的机会，也不感同身受、不替他向老师说明原因，他之后还能心平气和地写道歉信吗？或者他屈于威吓，写了道歉信，但是他幼小的心灵能释怀、能理解、能觉得公平以及被保护和爱吗？

所以，作为父母，我们不仅仅是要听见孩子的欢声和笑语，更需要听见孩子的难过、生气、害怕和伤痛的声音，好让他不需要呐喊，就能好好地被我们听见！

TIPS 小贴士

• 从色彩能量心理学的角度来说，容易发脾气的孩子适合什么颜色？

色调柔和、颜色饱和度不要太高的浅蓝色和绿色是最好的选择。浅蓝色的能量具有镇定安抚神经系统的功能；而浅绿色的能量，则能带给孩子更平衡和稳定的情绪，避免遇到事情就暴跳如雷的坏脾气。

可以多穿这两个颜色的衣服。如果平时上学时穿校服，也可以在制服里穿这两种颜色的内衣裤。此外，卧室的窗帘、或床单、或被罩，可以选用这两种色调。其中，窗帘的颜色，则是最好的色彩能量疗法。

请注意，进行色彩能量疗法时，只要所选择的布料中有60%以上的该色彩，就可以达到该色彩的能量理疗功能了。

蔬果中，除了正常的青菜水果之外，多吃点绿颜色的水果，例如，猕猴桃、青瓜；喝饮料时，最好选择猕猴桃汁、青苹果汁、青瓜汁。

·从芳香精油能量学的角度来说，容易发脾气的孩子适合哪些精油？怎么使用？

如果是小学三年级以下的孩子，建议只使

用橘精油。小学三年级以上的孩子则可以使用具有很好的情绪平复效果的薰衣草精油。

把精油滴在热水里熏蒸，是唯一可以采用的方法。选用一个阔口的容器，例如盛汤的大碗，倒入热水，根据每5平方米1滴的原则，滴入适量的精油，放在孩子卧室的角落，就可以了。每天晚上只要滴1次就行，千万不能多滴，或以为气味没有了就频频加油。

孩子性格太内向、害羞怎么办？

最近我在一本美国的专业心理学期刊上读到一篇文章，作者是一位在圣地亚哥执业的精神科医师彼得·贾雷特。他在文章里说，从前，只要父母带着害羞、内向的孩子来看诊时，他都会告诉忧心的父母们不用担心，因为孩子在成长的过程中难免会有害羞内向的时期，长大之后，症状就会慢慢地消失了。

但是现在，他却不会再这么快就下此结论，这么轻易就打发走孩子和父母了！因为他在临床上发现，小时候内向害羞的孩子，长大以后大概有 1/3 仍然会持续表现出相同的性格。

而根据另一位知名的、专门研究焦虑症儿童的心理学家斯坦的观察，也证实了这个结论。他说，有社交恐惧症的人，除了会表现出特定的情绪反应，例如，不敢在众人面前说话，对自己极度不自信，变得越来越孤独，错失很多机会之外，还有可能会伴随一些生理的症状，例如无缘无故的心跳加速，呼吸短促，脸红发热等。

另一位知名的流行病学专家罗纳德·凯斯勒的长期观察研究则发现，这些小时候没有被处理的内向性格，长大后也有可能会变成严重的抑郁症、焦虑症、破坏狂甚至遇到挫折时有自杀倾向。

读到这里，我相信很多父母已经开始心跳过速，担心自己颇为内向害羞的孩子是不是已经前途茫茫了！不用担心，可喜的是，社交恐惧症是最容易被改善的问题，只要我们及早发现，在青春期之前就给予引导和调治，一般来说，它的预后是很乐观的。

除了对症状已经非常严重的孩子给予药物治疗之外（大约有48%症状严重的孩子在接受精神科药物的轻微治疗之后，立刻就有显著的改善），"认知行为治疗"是心理治疗师们最常用的方法。

对父母来说，我们也可以运用认知行为治疗来帮助自己内向害羞的孩子：

1. 先找出他的消极思维模式

例如，内向的孩子会这么想："如果我说错话了，大家都会笑我！""只要我一出现，就会变成笑柄！""我很丑，所以别人一定会不喜欢我！""我很笨拙，所以别人一定不希望我参加球队，免得拖人后腿！"

不过，这些消极的思维不是我们自己"认为"的，必须是鼓励孩子自己说出来的。

我们可以这么问："你不想去参加同学的生日会啊?！"（而不是说："你为什么不去参加同学的生日会呢?"）

他可能只是简短地回答："嗯！我不想去！"

我们可以说："哦！好的，如果不想去，我们就不要去。不过，你愿意告诉妈妈为什么吗?"（而不是说："为什么不去呢，这样同学就不乐意再跟你玩了，一定要去！"）

如果他支支吾吾地说不清楚或不肯说，我们就继续说："好，妈妈明白了，你不想去。不过，等你想好了为什么不去的原因之后，还是告诉我好吗? 这样妈妈才能帮你想想办法看怎么解决呀！"（而不是说："你这孩子怎么回事呢！你这么不合群，将来怎么在社会上生存呢！去，一定要去，别人去你也得去！"）

2. 接纳他的想法，再陪着他看到这些他害怕的、消极的思维模式不完全是真的

如果孩子最终还是说了他的担忧，我们就要一步步地为他分析，帮助他看清这些思维不一定都是真的。

孩子说："同学们都不喜欢我！因为我太笨了！"

我们说："是吗?！他们觉得你哪里笨呢?"（不能说："胡说！你一点都不笨！"）

如果孩子举出了一些实例，我们就根据这些实例来帮助他。

"我接不到球，同学都笑我！"

"嗯！我明白了，同学有的时候确实会这样。不过，如果你看见一个同学在走廊上不小心滑倒了，摔个四脚朝天，你会不会也控制不住地笑他呢?"（如果孩子还小，你甚至可以加上夸张滑稽的动作。）

"哈哈哈！应该会吧！像上次……"

"是啊，如果是我，我也会呢！不过我们虽然笑他了，却没有看不起他吧?！我们只是控制不住地笑了，因为真的是太好笑了呀！"

3.如果他确实有一些社交能力上的不足，我们可以陪着他一起练习

如果他笨手笨脚接不到球，我们就利用周末，陪着他练习接球；如果说话会结巴，我们就带着他慢慢改进。

不过，在改善的过程中一定要符合我一再说的"阶梯理论"原则，不能设定太高的目标，一下子就希望孩子从内向胆小变成外向活泼。再说，内向或外向也和天生的器质有关，我们只是希望孩子不要因此而有情绪或社交的困难，而不是希望每个孩子都能长袖善舞，像个八面玲珑的外交官。

比方说孩子不敢在众人面前说话，我们就先组织几个他很熟识的家人一起听他说一段故事。等他熟练了之后，再加入几个他认识但并不熟识的朋友进来，例如你的好同事（最好是妈妈的女朋友，女人比较温柔，对孩子来说比较没有攻击性）。接着再依照这个原则，慢慢地扩大听众的不熟悉性。

我一定要提醒爸爸妈妈们，孩子的性格养成，需要

时间、需要宽容，也需要父母的耐心，我们不要把这些训练变成严肃得不得了的事来做，要很轻松、很不刻意、很自然而然、很尊重他的进度去做，否则孩子会感觉到紧张的气氛，会变得更加内向自责，那样反而弄巧成拙了！

另外，根据我的临床观察，如果内向害羞的孩子有两位很不内向害羞的父母，那么他改善的进程会慢得多。因为外向活泼的父母会表现出不耐烦甚至失望的神情来，他们不能理解内向害羞孩子的困难，他们可能会说："这有什么好害羞的！去，要勇敢一点！""这么简单的几句话你都说不了？！去，不要害怕！"孩子听了这些话，会觉得爸爸妈妈不再喜欢他了，因为他很笨，所以他永远也不会像爸爸妈妈那样讨人喜欢！

4. 鼓励他做自己擅长的事

孩子不会演说，就别逼他去参加演说训练；不擅长踢球，就别强迫他加入球队去丢人现眼。

我唯一的侄子比我儿子大一岁，两个男孩从小就玩在一起，到现在还是彼此最好的朋友。我儿子从小就伶牙俐齿，每次两人抢东西、发生扭打，不论对错，都是他先发制人，大喊着向大人告状，所以挨骂的机会比哥哥少。侄子则从小就安静内向，只喜欢动手动脚、运动画画，不太愿意和人打交道。

刚开始我的父亲颇为焦虑，记得他老人家还到书店去买了一本叫《如何学会说话》的书给孙子看，希望能培养出他能说善道的本事。不过，老人家的苦心显然没有太大效果。

如今我的侄子还是不太会和不相关的人闲聊和社交，不过却是个艺术设计方面的长才。他在英国一家全世界闻名的杂志社担任美术编辑，刚进去就因为杰出的表现而得到提拔。前阵子我在伦敦和他见面，只觉得他已经发展得顶天立地，丝毫再看不到曾经的内向和害羞。

他的自信，并不来自他不擅于社交说话的弱项，也并不来自他不太擅长的学业成绩。他的自信，完全源自他做了喜欢做的、能做的以及可以做得很好的事。而这点，不正是所有做父母长辈所希望看到的结果吗？

因此，让我们陪同孩子一起，找到他能力中的强项，培养他、帮助他发挥这些强项，然后让这强项所带来的成就感，慢慢填补那内向害羞的苍白。

5. 对孩子诚实，不要为夸奖而夸奖

孩子年纪虽然小，但心灵却很敏感，尤其内向自卑的孩子心思更是敏感而脆弱。浮夸而不符合事实的赞美，只会让他觉得自己被同情、被怜悯，反而会引起更自卑的反效果。

那么怎么做，对这样的孩子才是正确的赞美呢？答案是：赞美事实。

例如，孩子练习在许多人面前说话，其实说得并不好，还是结结巴巴的，但是他却勇敢地做了。这时，我们要大力地赞美："嗯，你真棒，真是勇敢，愿意在那么多人面前说话！加油！加油！"而不是："嗯，你真棒，说得真好！"

让孩子面对现实，知道如何处理现实的情况，是训练他不再恐惧内向的方法。如果我们只是昧于事实，一味地赞美他，不仅会伤害他的自尊心，还会让他更没有面对事实的勇气。因此，请记住，孩子需要的是我们的信任，信任他具有往前走的勇气和能力，信任他能以自

己的方法去获得成功，而不是假意的安慰，或让他对自己有不切实际的期望。

6. 让他看见别人的例子，知道人是允许犯错的

我向来鼓励父母给孩子读伟人传记，尤其是那些具有高超品德、曾经失败跌倒但最后却勇敢地站起来的伟人传记。

孩子从五六岁开始就需要有角色典范去认同和模仿学习。如果他有过于内向、不自信的性格问题，就找一些有相同问题的典范去激励他，让他看到不是只有自己才会孤独和害怕，原来这些成功的伟人也和他一样，小时候也曾经那么害怕和胆小孤独，因此他就不觉得孤单，就能获得安慰的力量和勇气，知道自己也是可以成功和拥有快乐的。

不过有件事我必须严正地提醒爸爸妈妈们，就是千万不能拿孩子去和其他的同学比较，尤其是和与他完全相反的孩子做比较。我们不能说："你看人家谁谁谁就不会像你这样，人家多大方啊！"或"你看人家谁谁谁多聪明啊，你就不能多向人家学习学习吗？！"

这些话会像一把钢刀，一刀一刀地剐在孩子的心上，让孩子觉得自己一无是处，觉得世界完全没有自己的容身之地，觉得自己是父母的耻辱，根本就不应该来到这个世界。所以，我只要在任何场合听见大人这么对孩子说话，就恨不得冲上去掐住他的脖子，叫他立刻闭嘴！

TIPS 小贴士

• 从色彩能量心理学的角度来说，太内向害羞的孩子适合什么颜色？

具有安全感、能增强自信、鼓舞能量的红色和橙黄色是最好的选择。红色是母亲的颜色，能给害羞的孩子带来母性的保护和能量；而橙黄色则混合了安全感和自信，能帮助孩子看见自己的优点，并勇敢地表现出来。

除了多穿这两种颜色的衣服之外，卧室的色彩布置是最有效的方法。不过红色和橙黄色的能量刺激都很大，最好不要用在大面积的色块上，例如窗帘或床单，免得影响孩子的睡眠。

比较好的做法是，在床上摆个橙黄色的抱枕、在床头柜上放个红色的台灯，如果实际情况允许，再把卧室的墙面漆成淡淡的绿色，这样红色的台灯和橙黄色的抱枕，在补色互补的原理下，所释放的能量就会更强，效果也会更好。

蔬果中，除了正常的青菜水果之外，多吃点鲜艳的红颜色水果，例如，西瓜、西红柿、胡萝卜、樱桃、草莓；喝饮料时，也选择西瓜汁、胡萝卜汁和番茄汁。

• 从芳香精油能量学的角度来说，内向害羞的孩子适合哪些精油？怎么使用？

如果是小学三年级以下的孩子，建议只使用橘精油。小学三年级以上的孩子则可使用能排除消极思维、具有提振收敛效果的杜松莓精油或丝柏精油。

把精油滴在热水里熏蒸，是唯一可以采用

的方法。选用一个阔口的容器，例如盛汤的大碗，倒入热水，根据每 5 平方米 1 滴的原则，滴入适量的精油，放在孩子卧室的角落，就可以了。每天晚上只要滴 1 次就行，千万不能多滴，或以为气味没有了就频频加油。

TIPS 小贴士

• 孩子非常胆小，怎么办？

孩子怕的事情很多，有的怕某些特定的、可以具象的东西，例如，怕水、怕高（我妈妈有惧高症，我也有，只要站在高楼的边缘，哪怕还有一段距离，我都会双脚发抖）、怕虫子（这个我到现在都还很害怕）、怕狗、怕黑；有的怕脑子里想象的、非具象的、大人无法理解的东西，例如，怕鬼、怕外星人。

作为成人，帮助很容易害怕的孩子解决问题

的方法只有一个，那就是学会如何去克服害怕。

第一步：让孩子从 1 到 10 之间，把他所有害怕的东西量化、列举出来。例如，怕黑是 10，最高；怕狗是 3，比较低。这样能帮助我们了解他害怕的东西有哪些，又分别具有多大的惧怕程度，好据此规划出克服的方法。

第二步：让孩子写记录，把什么时候感到害怕，引起害怕感觉的任何关联事物都记录下来。内容可以写：什么让他害怕；害怕的感觉是什么；为什么害怕。然后再写出他自己认为怎么做或需要什么帮助，才能让他克服这种害怕。我们再根据他的记录，和他一起讨论克服害怕的方法。

第三步：把他的害怕拆解成几个可以处理的步骤。很多时候，孩子的恐惧感是在脑子里酝酿激化出来的。例如，一个在电视里看见大狼狗把孩子咬伤，会突然害怕起任何小狗来。如果我们知道了他害怕的原因，就可以先让他看一些小狗的图片，然后进一步到玩小狗毛绒玩具，最后再进步到和实际的小狗在一起待一会儿。

不过要留意的是，处理的速度不要太激进，也不要太过。例如，我们不要期望最终能把孩子和大狼狗放在一起，那样既危险，也一定会吓坏他的。

第四步：和孩子分享我们的经验。告诉他你曾经也害怕过什么，有多害怕，后来又是怎么克服的，并且让他知道一旦你克服了这种害怕之后，为自己的生活带来了什么样的影响。

第五步：多留心孩子看的书或电视节目的内容。例如，我曾经处理过一个死活不肯参加学校游泳课的中学生的问题，他因为不参加游泳课，差一点因为体育不及格而被学校劝退学。经过多次的心理咨询之后，我才知道，原来他在小学时，有一天独自在家看了一部好莱坞大片，片中有一条可怕的大鲨鱼闯进了海滩边的游泳池里，活生生地咬掉了一个女人的头，从此之后，他就再也不敢进到游泳池里了！

第六步：如果这个害怕确实存在，也确实强烈到影响了孩子的情绪和生活，就给他一个足以安慰、保护和鼓舞勇气的"护身符"，例如：一个他喜欢的毛绒玩具、一方小小的毯子、一本书、一张偶像或爸妈的照片、一首勇敢的小诗等，让他随身带着，陪伴在他身边，帮助他面对恐惧的时刻，然后再慢慢地引导他。如此才能避免惧怕给他带来更多的伤害。

所以，千万不能因为担心孩子对某些物

件的依赖，而粗暴地把他最喜欢的被子、玩偶、玩具，甚至小时候的奶嘴等拿走或丢掉，这样会让他受到突如其来的惊吓和感到孤独，反而会让治疗的过程和时间拉得更长，并变得更为棘手。

TIPS 小贴士

• **孩子在学校里被欺负了怎么办？**

孩子一般在学校里被欺负的情况有以下三种：肢体上的欺负，例如被打、被踢、被同学故意推搡等；语言上的欺负，例如充满恶意难听的绰号、奚落嘲讽、羞辱性的话等；以及情绪的欺负，例如背后散布谣言、被孤立等。通常，如果孩子在被欺负之后选择不举报或不还击，这些恶意的欺负就会持续下去，有的甚至一直到从学校毕业才停止。

当然，这些被欺负的孩子因为害怕再被欺负，一定会开始不喜欢上学，但是如果家长没有发现他不愿意上学的真正原因，以为只是偷懒不愿意学习，而强势地要求他去上学之后，这些感到孤独、不快乐、不安全的孩子就会开始出现一些临床心理学上所谓的"身心症"症状，例如不明原因的肚子疼、做噩梦、头痛、神经质和焦虑。

那么我们该怎么办呢？

（1）我们一定要随时留意孩子放学回家后的情绪反应和某些被欺负的征兆，例如，孩子的铅笔盒常常弄丢了；或放学回来常常说肚子疼或头疼等。

我们还要听他说话，让他知道我们是他稳定的靠山。例如，孩子回家来说同学欺负他了，我们不能上来就说："他为什么不欺负别

人，只欺负你啊？是不是你做得不对？"我们
要听他说话，要说："是吗？你知道他为什么
欺负你吗？他也这么对其他小朋友吗？"

（2）如果他确实是被同学恶意地欺负了，
在还没有做任何处理之前，要明确地告诉他：

"这不是你的错，不是因为你不好或你比较
笨，所以他才欺负你。"要让他知道有些小朋友
不会处理自己的情绪，所以会用暴力来宣泄自
己的生气，这和他无关，不需要因此而自卑。

让孩子看到"施暴"背后的原因，不仅仅
可以避免他对自己的不信任和错误的价值判
断，还能帮助他以后用相同的态度和视角，去
积极健康地面对和处理相似的情境。

（3）教给他解决这个难题的方法。例如，
如何去报告老师，以及如何才能被老师正确地

听见。可以在家里带着他演练几遍，用坚定的字眼而不是打小报告或发牢骚的语气。比方说："老师，××同学总是踢我的桌子，我不知道怎么才能让他停止，希望您能阻止他。"

但是我心里十分明白，并且有点沮丧地说，对一个班级里有这么多学生的老师来说，让他注意到每一个学生的行为，并预先遏制住每一个学生下课后的恶意动作，几乎是很困难的事。所以家长在家里带着孩子的演练，更需要的是学会如何保护自己。

例如，教孩子一些基本的防身术；学会冷静地回应同学的冷言冷语等。我最近刚和一个才满14岁、学习成绩非常优秀但身体发育比较慢一些的女孩儿深谈过一次。她在学校里总是被那几个高挑丰满的女同学冷嘲热讽，她们不仅在背后说她的坏话，还故意结党结派把她排拒在外。她很苦恼，甚至因此而害怕上学。

听完了她的苦恼之后，我先分析给她听，为什么这些同学会冷嘲热讽地对她，原因是她们嫉妒，因为她们既没有她学习成绩优秀，也没有像她那样不需要刻意节食就能轻松拥有的苗条身材。她听了之后，突然眼睛一亮，连坐着的姿势都突然挺了起来！她说："对呀，对呀，这些同学每天都在讨论怎么减肥，因为她们连呼吸空气都会发胖呢！"

明白了同学可能欺负她的原因之后，我教她今后怎么去应付这些言语和情绪上的暴力。我说，第一，你听见或感受到她们的恶意时，要装作没有听见和若无其事。因为你越是难过，她们就越是高兴，越高兴，欺负你的动机就越强；第二，你要更主动地去结交几个和你相似的好朋友，这样可以分散你的孤独和害怕，也可以为你壮壮胆子；第三，你千万不要故意去挑衅她们，或也开始去说她们的坏话，因为这样你们的梁子就会结得更深，之间的误会和龃龉就更没完没了了。

（4）如果孩子比较内向害羞，就帮助他去交些朋友。例如常常请同学到家里来玩；在快餐店为他开个庆生会等。但是请注意，我们是在一旁协助孩子去交朋友，而不是越俎代庖地帮他去交朋友。比方说，我们绝对不能跟同学说："我们家谁谁谁特别内向害羞，你们在学校里要多照顾照顾他啊！"这样孩子听了就一定会恨死我们了。

（5）我知道现在的家长们都很忙，不过我还是要这么说，如果我们和学校保持很好的互动关系，常常参与学校的家长活动，孩子在学校里也会觉得有父母撑腰，被同学欺负的可能性也会比较小。

我在儿子念小学时，一直是家长中比较活跃的人。我的活跃，倒不是捐钱、捐物资成为家长会会长，而是贡献自己的时间和精力。我参与了"志愿者妈妈"计划，每个星期贡献出一个下午给一年级的小朋友讲故事，并且在讲完故事之后，在学校门前的十字路口指挥下课时的交通，让学生回家的队伍能安全地通过。

几乎每次我在学校做这些事情时，都会碰见儿子的同学，他们都争先恐后地喊我：刘妈妈、刘妈妈。有的还主动地告诉我儿子在哪里。有一天儿子放学回来很骄傲地对我说："我们同学都说你很有气质，所以，嗯，我蛮有面子的！"

所以，如果你的时间允许，就尽量多贡献点时间和精力，参与学校的义务工作；如果你的工作真的很忙，确实抽不出固定投入的时间，那就一定要参加学校在周末、假日举办的亲子活动，例如游园会、郊游等。我们的参与，不仅可以制造更多和老师沟通的机会，也可以制造更多和孩子同学认识的机会，这样才能真正有效地了解孩子在学校里的真实情况，也才能避免他可能受到的欺负。（相关内容请参阅我的另一本书，《孩子，你可以更勇敢》。）

要不要让孩子学才艺？怎么学？

我现在还清楚地记得小学四年级时，一件到今天仍让我有些遗憾的事。那时我在台湾南部的一个小渔村里念书，渔村和台湾本岛之间必须搭乘可以上下自行车的渡轮通行。那一年，全台湾省举办了一次"才艺资赋优异生"的选拔，我代表全校，成为小渔村里唯一入选的音乐资赋优异小学生。而当时在全高雄市也仅仅有20位小朋友入选。

作为音乐资赋优异生，我们必须每个星期三的下午，到高雄市的一所以音乐教学著称的小学里去参加专业老师的培训，培训课程内容包括乐理知识、钢琴、小提琴和声乐。

由于当时我刚满10岁，不可能自己一个人搭乘渡轮到高雄市去学习，所以都是由妈妈陪着我一起去。最初的两个月，我妈妈总是排除万难，放下手边的家事陪着我去，但是后来因为培训的课程内容越来越难，老师要求大家最好买一台钢琴或小提琴在家里练习，再加上每个星期三整个下午的往返，确实也耽误了我三个哥哥姐姐的晚饭。所以，在培训了两个多月之后，爸爸妈妈在衡量了家里的经济状况和实际困难之后，决定向老师申请退训，把这个机会让给了当时候补第一名的小朋友。

我已经不太记得当时我对这个决定有没有反抗或哭闹，我只知道这是我成长过程中一直存在的遗憾，是对于自己没能继续深造所谓的"音乐资赋"而有的遗憾。因此，当我上大学开始打工赚钱之后，就宁可省吃俭用，也要用微薄的工资去请老师学弹钢琴，而我妈妈也知道这是我的心愿（可能还有些觉得难过吧！），因此她也从来没有拦阻过我。

所以，现在只要有家长问我该不该让孩子学习各项才艺，我的回答也总是说：如果各方面的条件和情况都允许，就给孩子一些学习的机会吧！

是的，如果在各个现实条件都允许的情况下，不管从增进素质教育的角度，或从培养将来自娱自乐能力的角度，让孩子接触不同的才艺，给他学习才艺和发现自己潜能的机会，确实是我们做父母的责任。

尤其是如果班上大部分同学的家长都有给孩子培养某项才艺的计划时，如果只有我们的孩子不具有这些能力，可能会让他因此而自卑，或和同学变得无话可说。所以从不同的角度和原因来看，我都很赞成在孩子发展到每个心智年龄的阶段时，给他适合那个年龄阶段的才艺培训机会，让他去尝试、去感受、去探索、去决定。如此也应了那句现代父母所奉行的黄金准则：不让孩子输在起跑线上。

可是，虽然我们要尽量给孩子学习才艺的机会，但是从儿童心理学专业的角度，以及从一位资深母亲的经验角度来说，对于孩子学才艺的问题，我也有下面的几点建议：

1. 让孩子参加某项才艺培训，并不表示那就是他必须终生厮守或拥有杰出能力的才艺项目

我们必须允许孩子有一个适应和选择的过程，而年龄越小的孩子，需要适应的内容和跳跃的脚步也越多。

很多大人不能理解这一点，总是抱怨说："哎呀，

这个孩子真没有定性，三天打鱼，两天晒网。这个才艺学一学就不学了，那个才艺学一学又不学了，最后什么都没有学好，真是伤脑筋！"

而我也总是笑着反驳说："那我们大人自己呢？我们不也是常常一时兴起就去学什么拉丁舞、肚皮舞，学着学着就没兴趣了，然后又一时兴起去学瑜伽、练健身，然后又学着学着就无疾而终了？"

总的来说，学习才艺本来就是个和兴趣绝对相关的东西，更何况它还牵涉到是否具备掌握这项才艺的天赋。例如，我儿子快5岁时，我在考察了好几个音乐班的教学方法之后，选择了一个最轻松、最寓教于乐、最不需要掰着手指头练琴的音乐班，帮他报了名，还做个好妈妈，每个周末都陪着他一起上课。

可是在上过五六节课之后，儿子苦着脸对我说："妈妈，我不喜欢音乐，我不想学钢琴了。"当时我看着他粗粗短短、像藕节一样的小胖手指，心里想，嗯！学钢琴也许对他来说确实是太难了。于是就换了个音乐班，改学小提琴。可是他快快乐乐地上了3节小提琴课之后，又苦着脸说："妈妈，我不喜欢小提琴，脖子夹得都快要扭到了，而且我也不喜欢读五线谱。"

我再看看他胖胖短短的脖子、听着他五音不全的歌声，为了怕伤他小小的自尊，于是就彻底放弃了让他学音乐的念头。不过我告诉他："妈妈还是帮你保留着学钢琴或小提琴的机会，如果你哪一天想学了，就告诉我，我们再重新开始。"

等到他回台北上了小学二年级之后，学校规定每个小朋友都要学吹笛子。常常，晚上吃过饭以后，我和他爸爸在楼下客厅里看电视时，听见他一个人在楼上阳台奋力地练习吹着断断续续、五音不全、颇为可怕的调子。我们面面相觑之余，不免庆幸当时没有强逼着他学习他并不具禀赋的才艺，因此免去了一场让他痛苦和自卑的折磨。

2. 让孩子学习才艺的要诀是："孩子喜欢""孩子有兴趣"和"孩子有能力"的选择；而不是"我们喜欢""我们虚荣""我们认为应该有好处"的选择

这一点，我相信是所有儿童教育专家的亲子教育书里都会一再强调的观念。

我姐姐的两个女儿从 5 岁开始学钢琴，老大扎扎实实地学了 11 年，一直到准备出国念书才结束；老二学了 6 年，最后却不甚了了、草草收场。我对她们俩练琴最深刻的印象是：老大规规矩矩、文文静静地坐在琴凳上弹琴；老二则是调皮捣蛋、蹲在琴凳上敲琴键。在无数次苦口婆心的规劝和责骂之后，我姐姐终于放弃了对老二的淑女教育，不再逼她练琴，可是她如今却也已经成为一个 2 岁小女孩的母亲，安静贤惠得无以复加，完全没有因不会弹钢琴而失去了作为女人的秀美。

而我那五音不全、不会看五线谱的儿子，在经过了青少年时期的蜕变之后，现今却颇有小饶舌天王的架势。我曾经在 KTV 的包厢里目瞪口呆地听着他用低沉的嗓音和轻快精准的调子说说唱唱，一时间，竟觉得他还颇有当年我身为音乐资赋优异学生的真传呢！

3. 我对学习才艺的态度是，不要同一时间给他上太多的才艺班，让他忙得无法、也无暇去感受每项才艺的美好和动人之处

毕竟一个还不满 10 岁的孩子是没有那么多的精力、

智力和注意力去体会每一项才艺的细微美妙处的。

想想看，我们如果把每一个周末排得满满的，周六早上学钢琴、下午学棋艺；周日上午学英语、下午练游泳……我在电脑桌前光是敲这几个课程的字，都敲得有点头昏脑涨，更何况是那些心智都还没有完全成熟的小小孩呢？

我的建议是最好把它们区分成几大类，例如艺术类、体能类、智力类等。先参考这些才艺类别的专家们的建议，看看这些项目分别适合几岁的孩子开始学习（到网上去看看其他家长们的实际经验，也是蛮好的资讯收集方法），然后，再根据收集的结果，列个按年龄、按阶段、按孩子器质的实施计划表。

计划表列好之后，开个家庭会议，爸爸或妈妈先报告他的研究结果和计划内容，接着让家庭的每个成员都有发言的权利，当然，一定要包含那个去上课的孩子的意见。开完会、收集完各方意见之后，据此只选择其中的一项或至多两项开始学习。等孩子学习了这些优先项目一段时日、能掌握了基本的技巧并发现学习的乐趣之后，再酌量加入一个新的才艺学习。

请放心，分阶段学习才艺的孩子，并不会在起跑线上比那些一次学满才艺的孩子差。事实上，由于他能有充分的空间和精力去细细地琢磨某项才艺，说不定反而能得到更好的成就。再说，人生的旅途很漫长，胜负成败，并不是以每个年头来计算。我们为孩子铺陈学习的机会，目的不就是希望他能拥有真正得以安身立命的才能，好为自己将来的生命增添色彩吗？

所以，与其填鸭式地让他一下子"撑"得产生反感，倒不如细水长流，让他自己玩味出真正的兴趣和能力来。

4. 让学习才艺成为孩子的快乐享受，而不是痛苦的义务

再拿我儿子的才艺学习经历来说，当他不愿意再继续学习音乐以后，却持续地表现出对绘画的热情和坚持。他高三毕业参加英国全国会考时，绘画和美术史得了满分，是当时全英国得满分的仅有的三个学生之一。而对他来说，一个人安静地到泰晤士河边写生画画，一直是很重要的减压方法之一，也是他发抒对艺术热情的

最重要管道。

　　所以，我能不能请所有焦急的爸爸妈妈听进去我说的这些话：

　　在学习才艺的这条道路上，并不是我们去"培养"孩子对某一项才艺的兴趣和爱好。我们所能做的，只是提供给他各种学习才艺的机会，然后，安静地等候在一旁，让他自己去发掘、去感受、去体会自己对哪个艺术门类具有兴趣、热情和天赋，然后，我们再安静地守候在一旁，等待着为他精彩的表现而喝彩！

要不要给孩子补习数学和英语？怎么学？

　　还有一个悬在爸爸妈妈心上的问题是，除了才艺之外，还需不需要给孩子参加各种数学、语文、英语的补习班呢？

　　我在英国停留的那段时间，常常和从内地、香港、台湾到英国念书的孩子们在一起。在这些孩子身上，我看到了一个共同的特点，那就是不管他们其他的科目读得怎么样，也不管他们来自哪一所学校，他们都是班上公认的数学天才，他们的数学水平也都比同班同学至少要高出两个年级以上。而且，最重要的是，他们确实也凭着高超的数学水平和骄傲，帮助自己度过了最难熬的头两年留学岁月。

　　因此，虽然我儿子还没有结婚，也还远远没有生儿育女的打算，不过我们一家人却早就讨论过这个问题，而且还取得了一个共识，那就是将来我们的孙子、孙女的小学教育，最好是在国内完成。因为我们都坚信，国内的各项基础教育既严谨，水平也很高，因此通过这些扎实的基础课程学习，对他们将来的竞争力一定会有帮助。

不过，我虽然认可国内的基础教育内容，但是却不尽认同过度压迫式的教学方式，同时也不主张揠苗助长式的过犹不及。因此我在回答该不该补习数学和英语这一类的问题时，通常会先问问家长："您的孩子准备好了吗？"

我所谓的准备好了吗，是指：

● 他的"年龄"足够达到应付这门学科的理解能力吗？

● 他的"智力"足够达到应付这门学科的理解能力吗？

● 他的"时间"够用吗？会不会因此压缩了他的睡眠时间？会不会剥夺了他的户外活动和休闲娱乐？

● 以目前的课业学习进度，他是真的需要，还是我们以为他需要？

● 学习这项课程所带来的优点真的大于缺点吗？

如果你客观地回答了上述问题之后，得出的是肯定的答案，那就请全力以赴；但是，如果你清楚地知道孩子还没有完全准备好，或还需要再等一等，那就请暂时放下耸起的肩膀，放松心情，给孩子多一点快乐的童年时光吧！

如何面对孩子的早恋？

首先，我希望爸爸妈妈们留意到我的这个标题：如何"面对"孩子的早恋？而不是：如何"处理"孩子的早恋？

对的。对于孩子的早恋，我的态度是"面对"，而不是"处理"。为什么呢？因为它不需要这么严肃地去处理，而且，它会越处理越糟糕！

我儿子念小学时有个外号叫"卤蛋"。他之所以被叫卤蛋的原因是：一是他很圆，全身上下、从头到脚都是圆圆胖胖的；二是他很黑，他待在篮球场练投篮、在游泳池练游泳的时间很长，所以晒得很黑；三是他很结实，手脚、肚子的肌肉都很有弹性，很有点铁蛋的意思。

儿子从乡下插班回到台北的私立小学之后，前两年也无风雨也无晴，心思还属于混沌未开的傻小子。可是第三年，上了四年级以后，他开始有了暗自心仪的对象。这位女同学和他同班，全家在她上小学时从美国搬回台湾，长得又白净、又漂亮，乌黑的辫子配上黑白分明的大眼睛和秀气的瓜子脸，凭心说，我看见了都很想将她一把拥入怀中。

她是学校里的风云人物，不仅学业成绩很好，还会弹钢琴、跳芭蕾、唱声乐。四年级时，她是全校升旗、降旗典礼唱"国歌"时的指挥，儿子则是喊口令的司仪，两人不仅上课时坐在同一间教室，"工作"时也站在同一个台上。一开始，因为学业成绩旗鼓相当，两个人之间还有点你第一、我第二的硝烟味的竞争关系，可是上了四年级之后，我清楚地发现了儿子的变化。

他开始非常注重自己的形象。有一天晚上，我从微微开启的浴室门缝里瞥见他正对着浴室镜子，用力地缩紧肚子，摆出李小龙的标准姿势，并且不断地检视自己的手臂肌肉。另有一天晚上，我发现他没有好好地用沐浴液洗澡，我问他为什么，他说因为不想把好不容易才长出来的幼细腿毛给洗掉了！

那段时间，我知道他承受了一些挫折，因为那位美丽尊贵如天上辰星的女同学，并不怎么正视他的爱慕，而讨好并追求她的男同学则如过江之鲫。有一次我们在家聊天时，他有点幽怨但又有点得意地告诉他爸爸，隔壁班的好些男同学让他转信给她，他虽然接过了这些爱慕信，但却都一转身就把它们给扔进垃圾筒里了。他愤愤地对爸爸说："哼！他们以为我真的这么傻啊！"

儿子的暗恋始终没有得到天上辰星的青睐（即便在他爸爸传授了几招"泡妞"秘诀之后），最后无奈地和另一位没有那么出色、皮肤也比较黑的女同学"配了对"，但他至今都不承认曾经喜欢过这第二人选的女孩。念完小学五年级之后，儿子去了英国，第四年暑假回来，在母子深情对谈的时间里，他告诉我已经亲过了6个女同学，但是还没有发现自己可以真心相待的女朋友。

你们读到这里，一定已经吓得够呛，一定心想："金老师这一家人怎么回事？怎么这么开放？怎么不管孩子？难道不怕孩子交了女朋友就耽误了学习吗？"

且慢着急，先看看我帮你整理的以下资料：

"Puppy love"英文直译是"小狗之恋"，意译则是"早恋"的意思。我在网上搜寻"Puppy love"的中文解释时，看到如下说明："少男少女短暂的爱情""它可解释为早恋或一见倾心，是一个非正式的感情的爱，他们对爱情的憧憬就像一只小狗（puppy）一样，有贬义的意思，因为是描述感情的浅陋和短暂，不同于其他形式的爱，如浪漫的爱情（romantic love）。"

至于英文网站的搜寻结果则是："puppy love is when you feel like you love the person but as time goes by that feeling starts to go away, or someone else starts to catch your attention."（早恋是当你以为你爱上一个人的时候，才发现这个爱会随着时间而消逝，或被另一个人所取代。）

看见了吗？那些半大不小的孩子所谈的恋爱叫"小狗之恋"，是很短浅的、会随着时间而消逝、很容易被转移的感情。可是如果我们大人把这些短浅的"爱情"太当一回事，太如临大敌地去解决、去禁止、去扼杀它，那么，我们就给对爱还朦胧无知的孩子创造了一个凄绝、美绝、悲壮不已的爱情情境，让他们把自己当成《罗密欧与朱丽叶》或《梁山伯与祝英台》等爱情文艺大悲剧里的主角，为了对抗强权反对而誓死相守。

我再举个不太恰当但却很写实的例子来说明我的理论：

　　如果一对男女在合法的婚姻关系之外发生了恋情，当他们必须小心谨慎地见面幽会，以防止合法配偶发现时，这段恋情会发展得非常激烈而炽热；可是如果这段婚外恋情最终修成正果，可以合法地公开示众之后，却往往就无以为继，草草地收场了！

　　这是为什么？原因无他，就是因为那被压抑的、不被理解的、不被祝福的甚至被诅咒的爱情，已经披上了另一层更撼动人心的外衣，这层外衣给爱情涂上了好几道绚丽、伟大的图腾——自由、解放、追寻、炽热，以及可怕的欲念。而在这层外衣披覆下的食色男女，早就已经看不见和触不到那最初和最核心的爱情，他们所坚持的，只是自己心目中那凄美而悲壮的浪漫想象罢了！

　　所以，如果要解决一桩不被应许的爱情，最好的方法就是把它摊在阳光底下，揭开它的虚幻面纱，让它在光天化日之下被检验。如果是真爱，它就能经得起这番考验；如果不是，它就会随着阳光蒸腾而去。幸运的是，属于年轻孩子的小狗之恋，90%都是一时的兴起，都是经不起阳光考验的虚幻爱情。

因此，对于孩子的早恋，我的建议是：

1. 接纳

当发现孩子正在偷偷地喜欢某个人，或已经在和某个人交往时，不要动怒，先试着去理解和接纳他已经逐渐长大成熟、已经开始有感情需求的这个事实。而且，有一点事实能平息我们的焦虑，那就是孩子的学业成绩和是否交了朋友之间并不成正相关，不一定孩子发生了早恋就一定荒废了学业，所以先不要大惊小怪。

2009年的夏天，我曾经到一所非常著名的重点高中，去给从全省聚集而来的几十位学校心理辅导老师讲课。在等待上课之前，我俯身站在学校二楼的阳台栏杆前往下看，看见楼下的天井花坛边，有四个女学生在那里聊天嬉闹。

这四个女学生之中，有一个穿着比较低胸的明黄色T恤，我从楼上都可以清楚地看见她那发育良好、十分丰满完美的胸部。这几个年龄大约只有15岁的女孩在笑笑闹闹了几分钟之后，突然一字排开，背脊挺直地贴身靠在教室的墙上。我狐疑地弯腰探身往下看，才发现原来她们正在专心地比较谁的胸部比较大、比较坚挺！

我有点被震晕了，返回教室后心里喟叹着："唉！这些孩子怎么能专心念书呢！"可没有想到在这堂给老师们上的课之后，我又遭遇了这四个女孩。

原来这四个女孩都是高一重点班的学生，而且都是该年级的英语资优生，她们在视听教室里为我演练了一堂英语会话课，而其中那个"胸前伟大"的黄T恤女孩，更是气定神闲地说了一口腔调和文法都很漂亮的英语！我当时简直是羞愧难当，心想我这心理学可真是白念了，怎么能光是凭这些孩子们的青春表现，就认定她们是不好好念书的坏孩子呢？

从那次"震撼教育"之后，我就再也不敢那么主观、那么自以为是地去评价现在孩子们的表现了。所以，如果你发现自己的孩子突然成熟了，突然对异性有兴趣了，请先不要焦虑，不要急着骂人，要先定下心来接纳他的成长，并且为他的成长而感到骄傲。

2. 曝光

让孩子把喜欢甚至自以为在恋爱的同学带回家来，让他成为家里共同的客人，一起吃饭、一起出游，对待他像对待其他的同学一样。不要冷嘲热讽，也不要话里带话。请相信我，如果孩子愿意公开在父母面前手拉手，愿意让父母知道自己的感情进展，那绝对要比他自己一知半解地去摸索，或偷偷摸摸地去恋爱，要安全好几百倍！

从我个人的心理辅导经验，以及从发展心理学的教科书理论来看，十五六岁以下孩子的小狗之恋的热度，大抵只能持续 6 个月，你只要让它在阳光下自然发展，到了时间它就会慢慢地消逝。因此，只要我们处理得当，让这段"爱情"在大人的视线下发展，那么 6 个月以后，你就在家等着孩子回来向你哭诉他已经失恋、或被抛弃、或抛弃别人了吧！

3. 指导

找个适当的时机，让同性的父母给孩子上堂性教育的课,告诉他如何保护自己和怎么做才是恰当的。可以心平气和地和他讨论一个很现实的问题——他是不是已经有能力去承担性行为之后的责任?

我儿子初二暑假那年回来,我先生独自带着他去内蒙古旅游了一个星期。在这个星期里,他有一个非常重要的任务,就是告诉儿子,男人应该怎么为自己负责任,又该怎么为女人负责任。而这个负责任表现的其中一项,就是要控制住自己的性冲动,不要因一时的贪玩,而为自己带来无法承受的后果。

我们不用害怕对还未成年的孩子说这些话,也不用担心是不是说了反而会引起他的好奇。事实上,孩子知道的事远比我们想象的要多得多,但让人担心的是,他们知道的多,却未必完全懂得。因此与其让他一知半解地去摸索、去尝试,或由另一群也一知半解的孩子去指导,还不如我们开诚布公,手把手地去带着他往前走。

4.观察

孩子一旦长大,交往的朋友和社交的圈子多了以后，我们就要多留意、观察他的动态。例如，是不是突然放学回家的时间晚了，或上学的时间早了？吃饭时是不是没有食欲了？是不是睡眠不足有黑眼圈了？不过，这些蛛丝马迹是通过很有技巧的观察，而不是通过询问或责问。

我甚至建议有早恋孩子的父母，可以趁孩子上学时偷偷地潜入他的房间（天啊！这部分文字可千万别给我儿子看见），检查一下房间里有没有需要我们担心的物品，如果我们知道孩子虽然早熟，可是却是安全的，那样我们就会放心很多。

如果我们在还未成熟的孩子的房间里发现了需要担心的东西，例如保险套，就要让同性父母找个适当的时间，私下里温和但严肃地和孩子讨论我们的发现，以便及时给予引导，避免进一步的错误发生。

总而言之，吾家有女（子）初长成，既是为人父母的欣慰，也是为人父母的烦恼，而如何把烦恼化为欣慰，就只能靠我们的智慧和无尽的包容与爱了！

• 怎么对孩子进行性教育？

有关如何给 12 岁以下儿童进行性教育的书籍和网上的讨论已经非常多了，我本来不想再涉猎这个话题，因为知道爸爸妈妈们对这方面的知识已经很关注了。但是我想还是帮大家从发展心理学的角度来梳理一下，看看孩子在不同的年龄阶段，能够理解的对性的知识分别有哪些：

3~4 岁——我是从哪里来的？

我们已经可以告诉孩子他是从哪里来的，但是不需要太深入地去描述细节。只要说："妈妈的肚子里有个地方叫子宫。小宝宝在那里长大，等他足够大了以后，就会从妈妈的肚子里出来。"

给孩子灌输性教育时有一个要点：那就

是"他问什么，我们就回答什么"。如果他没有再继续追问下去，我们就不需要再继续深入回答。

4~5 岁——孩子是怎么出生的？

延续前面的说法，然后接着说："等妈妈肚子里的小宝宝长得够大了以后，他就会给妈妈信号，告诉妈妈我可以出来了，这时，妈妈的子宫就会把他往外推，然后从阴道出来。"

我儿子 5 岁左右时，问了我这个问题。我告诉了他这段话，又大约描述了产道的位置。他听了之后，就捂着脸、大声叫着说："啊！那我不是满脸都是大便！"然后就对这个话题再也不感兴趣了！

5~6 岁——孩子是怎么变出来的？

简单的回答是："是爸爸和妈妈一起创造

出来的。"

如果孩子需要更多的细节，就可以说："爸爸身体里的一个小小细胞，叫作精子；遇到了妈妈身体里的一个小小细胞，叫作卵子，然后它们就在一起创造了你。"

7~9岁——对性交基础知识的好奇和需求

我们可以说："大自然创造了男人和女人，就好像拼图上的两块拼图一样，正好可以很吻合地把他们的生殖器官放在一起。当男人身体里的精子，像小蝌蚪游泳一样，游到了并且碰到了女人身体里的卵子之后，它们就会在一起创造出一个新的生命。就像你一样。"

如果他还有继续问下去的兴趣，我们还可以让孩子明白，性交是大人表现爱对方的一种方式，就像亲吻也是爱的一种方式一样。

9~11岁——这个年龄的孩子已经从电视上、电影里、网络上、书本里了解了性交这件事，因此需要更严肃、更客观地对待他们的疑问。

　　9岁至11岁的孩子已经可以接受用比较直观和理性的角度去解释性。从发展心理学的角度来看，他们也可以分辨因爱而性交，和被强暴之间的区别。

　　12岁——这个年龄的孩子已经发展出自己的价值观，可以站在评价的角度去解释和看待性问题。

　　对于已经进入青春期，开始第二性征发育的孩子的性教育，最好是由同性父母来执行。不过，我们不能在解释的过程中加诸太多主观的价值判断，例如说："性是不道德的""性是不好的""遗精是肮脏的"等，这样孩子会把自己对性的认识、恐惧、好奇的门对我们关上，我们就无法好好地观察和引导他们了。

最后，我还是要再三强调，孩子知道的事，比我们想象的要多得多；但让人担忧的是，他们却未必完全懂得。如果我们不能扮演那个提供正确知识和排难解惑的角色，他们就只能求教于同样也一知半解的同辈团体。而青少年很多无法弥补的错误和危险，也就是在这样懵懂无知的情况下造成的！

如何对待孩子手上的数码产品?

前些时间我从北京飞往外地出差,上飞机之前,在候机室里看到了一个目前亲子之间非常普遍但令人忧心的现象,因此发了一篇微博谈了谈自己的感想。我在微博里写道:看见候机室里有好几位年轻的妈妈,用平板电脑、手机或 ipad 来让年幼的孩子安静地坐着,以求得自己片刻的宁静,或不打扰到其他的旅客。那几个小小的孩子前倾着身,目不转睛地盯着眼前光影和画面都迅速跳动的小小屏幕,不论是如此近距离地接受电子辐射的影响,或是对视力的损害,都让我十分担忧。

因此我在微博里建议这些年轻的爸爸妈妈们,为孩子轻声地读一本故事书,或搂着他为他编一个天马行空的故事,也都能达到手机、平板电脑和 ipad 的效果,而且这段亲昵的时光,不仅不影响孩子的健康,还能够帮助孩子的智力发展、满足他对父母注意力的要求,同时还能增加亲子间的亲密指数……

下飞机后，我又不放心地再追了一篇微博，我写道：如果上苍允许，让我们有幸和亲爱的孩子至少有60年的亲子缘分，那么孩子在身边紧紧相随、渴望关注的岁月就只有短短的不到十年的时间（对一些有个性、向往独立自由的孩子来说，这段时间也许会更短），过了这十年，即使我们恳求，孩子也不会再像从前那样依赖并依恋着我们。所以我们为什么不好好地抓住这个机会，让自己和孩子都得到情感上的充分满足？！

这两篇微博得到了许多网友的回应，有的是检讨自己确实有这个图省事的"坏习惯"；有的是为自己的决定辩护，认为孩子也需要与时俱进，否则就直接输在起跑线上了；有些则是向我诉苦说自己真的是在家事、公事之间忙得疲惫不堪，如果不给孩子看平板电脑让他安静一会儿，自己可能就要垮掉了，而且积累下来越来越坏的脾气对孩子更不好……

我记得那天在从成都机场开往市区的车里，我一面读着这些回复，一面心情低落地暗自神伤，因为当天下午我的讲座主题就是"孩子手里离不开数码产品，怎么办？"我想老天爷一定是在磨砺我的心智，让我对着一群忧心忡忡的青少年父母讲如何改掉孩子迷恋数码产品的坏习惯，而吊诡的是，这些坏习惯却是这些忧心忡忡的父母在孩子年幼时自己给养成的！

在进入"孩子手里离不开数码产品，怎么办？"和"如何对待孩子上网"的主题之前，我想，有几个重要的事实是需要了解的：

事实一：

美国硅谷是当今所有数码产品的原创中心，那里有一群脑子绝顶聪明、对世界发生了什么变化都能零时差掌握的编程工程师和设计师，但让人惊讶的是，这些创造了改变全世界日常生活方式、沟通方式、阅读方式……让生活变得更简单便捷的工程师们自己家的孩子，却是在中学二年级时才开始接受学习计算机的课程，甚至有一位在谷歌担任重要职位的高层员工，他的孩子连如何使用谷歌搜索软件都不知道。这与我们的想象，以及与当下中国三四岁的孩子就能自己开电脑电源玩电脑、手机等的现象完全相反。

事实二：

从神经医学和发展心理学的角度来看，数码产品对一个人的影响从 4 岁就已开始，而在青少年时达到高峰。如果长期使用数码产品，4 岁，会减损孩子的创造力和思考力的发展；7 岁，会出现集中力和注意力的明显退化；9 岁，无法再安静地阅读；进入青少年之后，使用并开发大脑中的记忆策略功能，就变得非常困难了。

事实三：

对所接触的一切事物都是全新经验的幼儿来说，积木、洋娃娃、拼图、图画书和数码产品一样好玩，但不一样的是，堆积木、过家家、图画书需要有人陪伴，而数码产品的声光效果、互动性和竞争性，则不需要有人陪伴就能让孩子全身心地投入，所以它容易吸引总是在寻求关注和需索陪伴的孩子们的注意力，而且一旦接受了这种容易让人兴奋的感官刺激之后，就很难再离开它了。

事实四：

孩子从幼儿园开始，就进入了"同辈团体"的社会环境中，并开始寻求所身处的同辈团体的认同和归属感，此时，同辈团体的价值观会主动、被动地成为他的价值观，而能融入并进而被同辈团体所赞许，则成为他建构自信的重要来源之一。相反，如果孩子无法取得同辈团体的认可，或无法建立与同辈团体的良好沟通模式，那么他不仅会成为团体中孤独的孩子，也会成为低自信和低成就的孩子。

事实五：

数码产品的出现，不仅改变了生活方式，也改变了传统的学习方法。目前，许多学校已经开始要求学生用U盘拷贝最新的多媒体课件、交作业和论文以及从网上下载学习资料，而借助MP3播放器学习英语也是老师推荐和学生普遍采用的学习方法。另外，幼儿园老师在个人空间里贴上每个孩子当天的活动照片，也是家长了解孩子在校情形的重要媒介。

我之所以先举出以上五个重要的事实，目的就是在阐明我们在面对孩子使用数码产品时应有的态度，那就是：数码产品确实有其负面影响，但也不能因此而完全杜绝它。正确的做法应该是合理的疏浚，而不是硬性的防堵。因此，我的建议是：

1. 根据实际需要，制定出合理使用的规则

这个部分包含了可以购买的数码产品的品项，例如智能手机、平板电脑等，以及可以使用它们的范围和时间，例如哪些网站绝对不准进入，哪些时间绝对不可以玩等。不过，家长们需要留意的是，使用规则必须是通过双方就实际情况认真讨论而制定出的，如果只是由家长颁布命令，然后严格要求孩子遵守，那就一定会出现愤怒、逆反或明修栈道暗度陈仓的情况，这样反而会刺激孩子在使用数码产品时的兴奋度，让它变得更难以戒断。

我建议，家长可以让孩子根据自己的实际需要，先拿出一个方案，然后大家再根据这个方案平心静气地讨论并做出决议。在这里我还是要提醒家长们两件事，第一，孩子的实际需要不能仅限于学习的需要，他的人际交往和休闲娱乐也必须得到合理的满足，就像我们也需

要这两方面的满足一样；第二，所谓合约，它的核心精神在于规范签订的双方都必须切实遵守，而不是只用来约束孩子。所以，合约一旦通过，我们也需要尊重并遵守它，不能今天心情不好，又看见孩子在玩手机，就不由分说地把孩子痛骂一顿。

2. 要注意和孩子讲道理的技巧

现在的孩子比我们想象的要见多识广得多，和孩子讲道理时，技巧是非常重要的，不仅从上而下的命令不管用，理论基础薄弱的辩论也绝对说服不了他们，他们不回应，并不是服气了或认同了，只不过是懒得回答或尽可能不惹是生非罢了。（这是好多青少年亲口告诉我的话。）

我儿子在英国读书时，读的是纯男生的寄宿学校。初中三年级的生理卫生课上，年轻的男老师非常认真、丝毫不带戏谑或轻蔑情绪地给他们上了一节"会计课"，把一个女孩儿从怀孕到生子到养孩子的过程所需要的花费都在黑板上一一列举了出来。男老师一个字都没提女孩儿辍学了怎么办，也一个字都没提道德谴责的问题，他只是实事求是、不多不少地把花费都列了出来。

（家长们可以想象，如果男老师提了辍学的问题或道德谴责的问题，那就是起了个辩论和争论的头，让这些自以为是的毛头小伙子们把心思转移到如何去驳倒老师的立论上，那么这节课的目的也就失焦和失败了！）

当这位男老师把所有的花费都罗列在黑板上后，只是如释重负般深深地吸了一口气，然后说：还好我女朋友没有怀孕，我一定得留意在我赚到这些钱之前不能把我女朋友的肚子给弄大了！

那年夏天儿子回台湾过暑假时，我们又如往常一样进行了母子深情对谈时间。我小心翼翼地问长了满脸青春痘的儿子有女朋友了吗？儿子说他亲吻过几个女孩（我直接就吓傻了，但没敢表现出来），但绝对没有跨越到下一步的意思，因为"我可养不起一个孩子呀！"

这里提供以下数据供家长和孩子们讨论时参考：

英国《星期日泰晤士报》发表的一份研究报告提醒人们，由于青少年的耳朵和颅骨比成年人更小、更薄，因此，孩子在使用手机时，大脑吸收的辐射比成年人要高出 50%。对一个 5 岁的孩子来说，辐射会渗入其大脑 50% 的区域；对 10 岁的孩子来说，辐射则会渗入其大脑 30% 的区域。而德国防辐射机构主席沃尔弗拉姆·柯尼希也对当地媒体《柏林日报》表示，为健康着想，人们尤其是儿童应该尽量减少手机的使用。一般来说，手机通话应尽可能短。父母应使子女尽可能远离这个高科技产品。而一位从事职业病防治的教授也表示，青少年的免疫系统较成人脆弱，因而特别容易受到手机辐射的影响。手机辐射会对脑部神经造成损害，引起头痛、记忆力减退和睡眠失调。而长时间用耳机听音乐，也有可能使孩子耳朵致聋，一般来说，85 分贝就有可能损伤听力，戴耳机时，有些游戏的伴音或音乐比站在喷气式飞机发动机旁边的噪音还大，有的噪音达 133 分贝，大大超过 120 分贝。

3. 改善孩子的网瘾要有合理节奏

当我们试图改善或改变任何一个已经形成的行为时，循序渐进要比完全戒断来得有效和可行得多。所谓循序渐进是指从 10 减少到 9，再减少到 8……而不是从

10 直接减少到 0。

所以，我们要合理并平心静气地和孩子讨论如何制定这个合理的减少节奏，例如，底线是什么？从现在到底线之间该画出多少个向下的台阶？在走向这些往下的台阶时，需要哪些来自家长或外界的助力？如果成功到达目标底线，或成功走下任何一个台阶，有没有哪些奖励的方法？等等。

另外，在已被多数心理治疗师和行为治疗师认可的成瘾习惯性行为治疗上，治疗师们发现，绝大多数的成瘾行为都符合"暗示—习惯性行为—奖赏"这三个步骤的习惯性行为建立模式，而改变坏的习惯性行为的有效方法，并不是把那个旧的行为去掉，而是用一个新的行为去取代它。也就是说，我们保留"暗示—习惯性行为—奖赏"中的暗示和奖赏，而仅仅把中间的行为给替换过来。

例如，对网瘾的孩子来说，触手可及的电脑或手机是个暗示；无聊是个暗示；不想面对现实是个暗示……而在游戏中的成就是个奖赏；暂时忘记考试成绩是个奖赏；打发一个人独处的无聊时间是个奖赏……

从现实的情况来看，对需要电脑来完成学习和交作业的孩子来说，或身处同辈团体压力的孩子来说，触手可及的电脑或手机这个暗示是不可能消失的；而对学习低成就的孩子来说，暂时忘记考试成绩的奖赏也是不可能消失的。所以我们不必把注意力的焦点放在这两个不可能或不容易改变，并且只会引爆冲突的事实上，我们要把眼光放在如何用新的行为去替换旧的行为上，例如，看见电脑或手机并产生冲动时，立刻离开书桌，到外面跑跑步，打开冰箱吃点东西，和家人聊聊天，甚至小睡一会儿。总之，只要不再上网浏览或玩游戏就行。

作为家长，我们可能会希望这个新的行为是写作业、做习题或看书。但我想提醒家长的是，如果这个新的行为无法立即提供奖赏（例如暂时忘记考试成绩），那么这个新的行为无论如何也无法取代旧的行为，而改变它就更是不可能的事了。

请记住，旧习惯或坏习惯的改变是个需要有耐心和循序渐进的过程，只要我们能先把影响最坏的旧习惯给去掉，再植入新的好习惯就不会是太难的事，因此这期间也需要家长的努力配合和理解。此外，也请记住，孩子时刻身处同辈团体的影响和压力之中，走下任何一个台阶都需要付出极大的毅力和努力，所以请多以事实代替说教，多以赞许代替责备，多以陪伴代替命令，否则自控力还没有完全发展成熟的孩子是很容易就颓然放弃的。

4. 改善孩子的网瘾，不是他一个人独自面对的战争

我要强调的是，让孩子改善、戒除网瘾，实际上是一场需要我们家长和孩子一起面对的战争。

我曾经在某个亲子网站读到过一位妈妈写的文章。她说自己在家里对女儿做过无数次的实验，每次女儿捧着手机聚精会神地看动画片或玩游戏时，她就故意和女儿的洋娃娃一起坐在不远处的地毯上玩过家家。她发现，只要几分钟，原来目不转睛盯着手机的女儿就会放下手机，凑到她身边，挨着她和她一起玩过家家，而原来最喜欢的手机就遭遇失宠的命运了。

所以，当孩子在面对如此艰难的战争时，我们的陪伴和耐心是很重要的，即使对那些已经不愿意再和爸妈

亲近的青少年来说，一个不疑神疑鬼、焦虑不安、唠叨个没完的母亲，就是他最好的陪伴和助力，而一个相信他的诚意和努力，愿意给他再次爬起来的机会的家长，就是老天给他的恩赐了。

5. 改善孩子的挫折情绪，从根源上帮他戒除网瘾

还是要说老生常谈的一句话，有网瘾的孩子通常是那些在课业表现上低成就、在人际关系中低自信、在家庭关系中较为孤独的族群。网瘾只是他们这些挫折情绪的一种表现，而不是根源，所以要改善它就必须要从这些挫折情绪的根源做起。在我另一本亲子教育的书《爱让成长不烦恼》中对这个主题多有着墨，建议有这方面困扰的家长找来看看。

总之，数码产品或数字化生活既是科技现代化的产物，也是任何一个现代人都无法置身其外的事实。今天，我们随处可以看见七八十岁的老人开心地用智能手机拍照、发微信，或捧着平板和移居外地的儿女聊天、看影视剧，而我们自己也或轻微、或严重地跻身在低头族庞

然大军的队伍中。因此，数码产品既不是洪水猛兽，也不是一无是处，而且它对孩子们的吸引力就和对我们的吸引力一样，想要完全离开它，既无可能，也无必要。

所以，如果我们做父母的能用实事求是的态度，和设身处地的心情及理解去帮助孩子，打赢这场艰巨战役的胜算就会高得多。

TIPS 小贴士

• **从芳香精油能量学的角度来说，孩子网瘾问题适合哪些精油？怎么使用？**

孩子的网瘾问题如果是一种已经超过了"习惯性行为"的"瘾症"，那么在使用精油来帮助时，就需要考虑能改善瘾症的精油，例如，最被芳香疗法治疗师推荐的鼠尾草精油。鼠尾草精油具有神经系统的理疗功能，能在比较难熬的"戒断"阶段给予情绪的安适力量。此外，在使用鼠尾草精油作为主要目标用油时，最好再搭配有抗躁郁能力的薰衣草精油和罗马甘菊精油作为辅助，让孩子在获得精油力量的帮助下，勇敢地向网瘾说：不！

　　如果孩子只是比较喜欢流连于电脑前，但并没有到瘾症的地步，那么以下几种精油就都可以使用：佛手柑、罗马甘菊、鼠尾草、薰衣草、玫瑰、茉莉、香水树（依兰）。这些精油都能"丰富和华丽"心智，让心智对电脑声光刺激的依恋被精油的香氛因子所中和、稀释，然后才能给其他健康的娱乐以取代的机会。

　　不管是对网瘾还是对习惯性行为的改善，芳香精油的使用都以吸嗅为佳，因为吸嗅精油能直接抵达脑部主管情绪功能的杏仁核，因此效果会更快、更好。

　　网瘾：在一个10毫升的深色玻璃瓶里，滴入5毫升的鼠尾草精油、3毫升薰衣草精油、2毫升罗马甘菊精油。轻轻摇匀后，放在孩子身边，需要时随时可以拿出来吸嗅。（这种直接吸嗅的方法效果很好，但坏处是精油容易因空气进入而变质，所以最好是每一个月就调换一瓶新的配方油。）如果孩子不愿意配合，那就把这个配方倒进纯净水里，比例是每100毫升的水里倒入2毫升的配方精油，充分摇匀后当作室内环境喷雾使用，可以早晚各喷洒一次。计量毫升数的滴管可以在药房买到。

习惯性行为：任选上述一种精油带在身边吸嗅，或按照上述方法倒进纯净水里当作室内环境喷雾。

如果可能，多让孩子待在浅绿色的环境里，让绿色的能量供给身体抵抗诱惑时的需要。另外，多吃紫色的食物，以帮助脑部神经细胞的色彩能量供应。

∙ 怎么对待孩子的上网问题?

怎么阻止孩子上网？大概这是我在面对父母们时，被问到频率最高的问题。几乎每个父母都有这样的困扰，而这个困扰似乎也成为孩子们的心病了。

你一定会奇怪地问我，上网问题怎么会成为孩子的心病呢?

写这篇文章的两个星期之前，我到四川的一个升学率非常高的重点中学去给初一的孩子们上一堂心理课。当我问这些所谓的小尖子们"和爸爸妈妈之间出现最多的矛盾是什么"时，他们几乎异口同声地回答我："上网!"

我接着他们的回答，继续问："你们能不能帮我一个忙? 我每次在面对家长们的时候，总是被问到怎么阻止孩子上网的问题，我都不知道应该怎么回答他们。你们帮我想想看，我该怎么告诉他们呢？"

接下来，这些十三四岁的孩子就争先恐后地举手发言，建议我该怎么做。

第一个孩子说："暑假就要到了，给孩子一个星期的时间，让他上网上个够，等到他上得满足了，就会不想再上了，这时就能好好地写作业了！"

他说完之后，下面一片喧哗，有的孩子叫着说："不行、不行，行不通的！"有的孩子急着举手发言。

第二个被我点名站起来的是个女孩，她口齿清晰地说："最好是给孩子规定一个上网的时间，每天固定多长的时间，时间到了以后，就不能再上网，就要读书了。"她发完言之后，台下也是一片喧哗，也是一片"不行、不行，行不通的"的喊声。

第三个孩子站起来继续为我想办法说：
"家长要用铁腕政策，不准上就是不准上，让
孩子知道上网的坏处。"他的话声未落，台下
已是一片叫骂声。接着第四个、第五个都是
相同的下场……

　　我在这片争执的吵闹声中，说："唉！真
是伤脑筋，你们每个人站起来说了一个方法
之后，都有人反对，都有人说不好、不好。
你们说，这事有多难啊！你们想想看，连
我们在这里商量都找不出一个可以告诉爸爸
妈妈最好的解决办法来，更何况是他们在家
里管你们的时候呢！唉！这个问题真是难办
啊！他们一定是害怕极了。哦！对了，我想
问问你们，如果二十几年后，你当了家长，
你的孩子也喜欢上网，而且都快要影响到学
习了，你会怎么办呢？"

　　我这个问题丢出去之后，只看见下面坐着

的一张张年轻稚嫩的面孔上，都布满了或多或少的愁容，一时间大家都想不出一个最好的办法来。

经过了让人窒息的一分钟之后，我打破沉默，再问他们："这样吧！我们既然都找不出最好的解决方法来。那我们就来想另外一个问题，如果下次爸爸妈妈再不让我们上网时，我们应该怎么办呢？"

孩子们对这个问题不似前面那个问题那般踊跃，不过还是有好几个勇敢的孩子举起手来。

一个白白净净的女孩说："我们要听爸爸妈妈的话，他们这样做都是为我们好！"我看见坐在后面的几个男生扮了个"呕吐"的鬼脸！

一个个头不高的瘦小男孩说："我们要和爸爸妈妈讲道理，因为有些功课真的要上网去查资料，所以要和他们好好地说。"很多同学用力地点着头、声援他。我也一样。

最后，一个坐在最后排、穿件蓝衬衫、看起来颇有哲学家气质的男孩站起来说："我觉得解决问题最好的办法是换位思考。我们想想如果自己是父母，会怎么做，那样就能理解他们，就不会和他们闹矛盾了。"

我嘉许地看着他，同学们也是一片赞同声。此时，下课铃声正好响了，这堂"如何阻止孩子上网"的讨论，就圆满地结束了。

亲爱的爸爸妈妈们，你能从这堂课中，得到什么启发吗？

无论如何，以下是我对如何正确引导孩子上网的几点建议：

（1）我们得理解这个年龄阶段孩子最重要的心理需求——同辈团体的认同。如果同学们都能上网，都知道某些网络游戏，而独独他不知道，他就会觉得很没面子，会愤愤不平，因此反而增加了和父母之间的不快。所以，我们不要采取高压强硬的手段，硬是把网络线拆掉或锁上。事实上，我知道很多青少年和父母之间玩猫捉老鼠的游戏，父母道高一尺，他就魔高一丈。如果让他花那么多心思和精力在拆解密码或说谎话上，倒不如和他开诚布公地规划出上网的时间来。

另外，我最害怕发生的是，如果孩子在家不能上网，但他又非常想上网，他就有可能借着去补习的机会到网吧去上网，而网吧里污浊密不通风的空气环境，和龙蛇杂处的交友环境，都有可能把孩子的健康弄坏或引向歧途。因此，我宁愿孩子在家长看得见的情况下，自由和光明正大地上网。

（2）和孩子开诚布公地讨论、规划出合理的上网时间和内容。我个人觉得这是非常重要、也是唯一可行的步骤。就像我上面描述的那堂课程内容一样，孩子并不像我们想象的那样无知或不在意自己的前程，我们只要尊重他们，聆听他们的声音，他们也就会尊重我们，听取我们的声音。

我们可以根据他目前实际的课业情况，"讨论"（不是我们说的算）规划出一个可以容许的、不影响课业的、合理的上网时间。时间确立下来之后，父母孩子都要遵守。另外，我们要清楚地让孩子知道哪些网绝对不能上、哪些游戏绝对不能玩，只要我们心平气和、很诚恳、就事论事地说出禁止的原因，他们就一定能理解，并且会遵守这个规则。

而且一旦亲子双方取得了上网的共识并

达成协议之后，我们要让孩子觉得他得到了我们全部的信任和尊重。我们可以在最初的一段时间，大大方方地走进他房间，看看他是不是遵守了约定，甚至可以和他一起在网上玩游戏，但千万不要表面说信任，私底下却频频有不信任的小动作。请相信我，孩子们都精得像猴儿一样，我们的小动作是逃不出他们比我们更聪明的小脑袋的。

（3）要避免孩子对上网的迷恋，我们就要培养他另外的嗜好，好用此来填满和转移他对电脑的注意力和精力。我的方法是让孩子喜欢上"阅读"。（请参阅本书第181页"如何让孩子喜欢阅读"的小贴士。）

除了阅读之外，绘画、音乐、手工艺、运动，甚至在厨房里做点心，都是可以占据孩子的精力和注意力的方法。不过，如果要让孩子对这些嗜好有兴趣，我们也得花时间和精力来陪伴他们。年纪越小的孩子，越需要爸爸妈妈的陪伴，因为他们的注意力集中时间有限，而且也喜欢用这些"兴趣"来取悦父母，所以是比较好养成兴趣的阶段。

（4）如果你不希望孩子迷恋上网，就请约束自己也不要迷恋上网。我们不能只许州官放火，却不许百姓点灯。我们对孩子陈述了迷恋网络的种种坏处之后，不能自己又做个迷恋网络的坏示范，孩子是听不懂"大人和孩子不一样，我们会约束自己""你不用管我们，管好你自己就行""我们和你不一样，我们是有工作需要的"这些话的。所以如果你真要上网浏览，就请尽量在办公室里看完，千万别给孩子做个言行不一的坏榜样。

作 者 简 介

金韵蓉

　　资深心理学家，婚姻与亲子关系专家，《时尚
Cosmo》杂志专栏作家，北京大学光华管理学院 EMBA
《女性领导人心理学》课程讲师，拥有扎实的心理学学
院教育背景以及十余年的临床心理辅导工作经验，曾做婚
姻治疗师 8 年，儿童心理和行为治疗师 6 年，为多家国际
企业举办关于员工"顾客心理学""减压管理""潜能开
发"以及"表达技巧"的培训课程。著有《你要的是幸
福，还是对错》《先斟满自己的杯子》《幸福女人的芳香
生活》等。

图书在版编目（CIP）数据

爱在左，管教在右 / 金韵蓉著. --北京：中国青
年出版社，2021.4
ISBN：978-7-5153-6315-8

I. ①爱… II. ①金… III. ①儿童心理学②儿童教育
-家庭教育　IV. ①B844.1 ②G782

中国版本图书馆CIP数据核字（2021）第052515号

爱在左，管教在右
作　　者：金韵蓉
责任编辑：吕　娜

出版发行：中国青年出版社
经　　销：新华书店
印　　刷：三河市万龙印装有限公司
开　　本：787×1092 1/32 开
版　　次：2021年3月北京第1版　2021年6月河北第2次印刷
印　　张：9.5
字　　数：160千字
定　　价：79.00元
中国青年出版社 网址：www.cyp.com.cn
地址：北京市东城区东四12条21号
电话：010-65050585（编辑部）